第2版
软件架构设计

程序员向架构师转型必备

温昱 著

昱培咨询 审校

U0234383

电子工业出版社·
Publishing House of Electronics Industry
北京·BEIJING

内 容 简 介

本书围绕"软件架构设计"主题，从"程序员"成长的视角，深入浅出地讲述了架构师的修炼之道。从"基础篇"、到"设计过程篇"、到"模块划分专题"，本书覆盖了架构设计的关键技能项，并且对于架构设计过程中可能出现的各种问题给与了解答。

本书对于有志于成为架构师的程序员们具有非常有效的指导意义，对于已经成为架构师的同行们系统化规范架构设计也是一本很好的教材。

图书在版编目（CIP）数据

软件架构设计：程序员向架构师转型必备 / 温昱著. —2 版. —北京：电子工业出版社，2012.7
ISBN 978-7-121-17087-4

Ⅰ. ①软… Ⅱ. ①温… Ⅲ. ①软件设计—教材 Ⅳ. ①TP311.5

中国版本图书馆 CIP 数据核字（2012）第 101071 号

责任编辑：孙学瑛
印　　刷：北京七彩京通数码快印有限公司
装　　订：北京七彩京通数码快印有限公司
出版发行：电子工业出版社
　　　　　北京市海淀区万寿路 173 信箱　邮编 100036
开　　本：787×1092　1/16　印张：16.5　字数：341 千字
版　　次：2007 年 5 月第 1 版
　　　　　2012 年 7 月第 2 版
印　　次：2025 年 1 月第 34 次印刷
定　　价：69.00 元

凡所购买电子工业出版社图书有缺损问题，请向购买书店调换。若书店售缺，请与本社发行部联系，联系及邮购电话：（010）88254888。

质量投诉请发邮件至 zlts@phei.com.cn，盗版侵权举报请发邮件至 dbqq@phei.com.cn。

服务热线：（010）88258888。

专家赞誉

（以姓氏笔划为序）

与温昱先生初识于一次部门内训，金融机构应用信息技术日久，但业务发展之快仍需信息技术部门不断思索如何提供有力的技术支持，当时系统设计人员思路难成一致，故邀请先生来讲述所得，先生讲座生动有趣，案例均为实践中心得，有助于一线设计人员在低头干事之余，能够抬头看路，从架构高度理解和看待日常工作，《软件架构设计（第 2 版）》同样着眼于研发实践，不作黄钟大吕之音，而以一觞一咏畅叙分享一线设计师的感悟体会。此书值得一看，作者亦值得一晤！

——**朱晓光** 中国建设银行 北京开发中心 处长

在厦门，曾和温老师有过 4 天晚上的坐而论道，从技术到业界、从数据模型到软件重构、从职业观到心理学，彼此颇多启发。第一时间收到本书的电子版，读来流畅易懂，胜似面晤对谈。本书内容务实、技能梳理清晰，实乃软件开发者职业生涯发展的重要参考。

——**朱志** 中国建设银行 厦门开发中心总工办

基于软件架构的开发模式，作为软件开发的最佳实践之一，越来越得到各行各业的重视和关注，但遗憾的是理解其精髓和内涵的人太少。温老师作为软件架构思想的传播者和推动者，在这本书中，对程序员如何成长为优秀的架构师给出了非常具体的指导原则和实现方法，是国内不可多得的真正将软件架构思想阐述如此精准的实践指导书。作为一名软件行业的从业者，我强烈推荐给大家。

——**李哲洙 博士** 东软集团 电信事业部 网管产品与系统部部长

这本书以架构设计人员实际工作流程为线索，详细阐述了逻辑架构和物理架构视图的重要性及其在架构设计中的应用方法。此外，本书从实践的角度，给出了架构设计的三个原则和 6 大步骤，并以具体实践过程为指导，给出了架构设计从需求分析到最后的架构设计、架构验证的完整的架构设计生命周期的实践方法，对软件研发项目团队和架构师的研发实践工作具有很好的指导意义。

——**杨勇** 中兴通讯 业务研究院 平台总工

从事软件工作近十年，由软件功能模块的程序员开始，到独立负责几个软件项目的设计开发，一直对软件架构设计比较关注，有幸听了温昱老师的"软件架构设计"讲座，顿感茅塞顿开，再次阅读温老师的《软件架构设计》，对架构设计有了更深的感悟。如果你对软件架构设计感觉朦朦胧胧，温先生的《软件架构设计（第2版）》定能让你拨开云雾见青天。

——杨为禄 南京国睿安泰信科技股份有限公司 一线软件工程师

近年来，阅读了诸多系统、需求、架构类的书籍资料，温老师的几本书简明扼要，见解独到，颇多启发。"横看成岭侧成峰，远近高低各不同"，大系统架构（体系结构）包括系统组分、组分间的关系，以及演化等三要素；温老师在本书中给出了典型视角、典型模式、典型过程等实践指南。有志创造系统，赋予软件灵魂的架构师，当读此书。

——张雪松 中国电子科学研究院 复杂大系统研究与仿真

架构是很玄的东西，成为优秀的架构师也是大部分程序员的理想。温昱先生这本书的特点就是从程序员角度，深入浅出地讲述了架构师的修炼之道。程序员与架构师区别的最重要一点是看待事物的角度和处理方法，优秀的程序员按照本书的方法，在日常工作中一步步实践，有助于培养出架构师的能力，从而逐步成长成为架构师。架构的目标是为了沟通和交流，温先生也深刻地领悟到这一架构设计的根本目标，并将这一目标转化为方法论。架构设计不是给自己看的，而是为了与客户、领导和团队沟通，本书的重点在于架构设计实践，从用例、需求分析、概念模型、细化模型等一步步地指导如何完成架构设计，并且对于架构设计过程中可能出现的各种问题给予了解答。本书对于有志于成为架构师的程序员们具有非常有效的指导意义，对于已经成为架构师的同行们系统化规范架构设计也是一本很好的教材。

——钱煜明 中兴通讯 业务研究院 移动互联网总工程师

早在 2009 年的时候就读过温老师的《软件架构设计》第一版，2011 年有幸请到温老师来公司主讲"软件架构设计"，幸有当面请教的机会，温老师对软件架构独特的授课方法和深厚的功底让我如沐春风、豁然开朗，颇有几分"顿悟"之感。

五年磨一剑，如今有幸抢先拜读温老师的《软件架构设计》第二版，更是被书中内容所折服。书中融合了作者多年来在一线的实践和培训经验，深入浅出地阐释了什么是软件架构，手把手教你从客户需求入手顺畅地设计出高可用的软件架构，让你读完本书后情不自禁地感叹："原来软件架构设计并没有那么高深莫测！"该书理论和实践并重，是一本不可多得的软件架构设计的指导书籍。

——崔朝辉 东软集团 技术战略与发展部 资深顾问

站得足够高，才能看得足够远。当今 IT 的架构设计思想理念已经是经过数次洗礼之后的结晶，而温昱先生抓住了这一结晶生命体的真正骨架，并深入浅出地汇集成这本书。有了这本书，你就可以依据自己的 Project 来高效地添加血肉，构建出独特的有机生命体。

——谌晏生 广州从兴 电力事业部 一线软件设计师

作者介绍

wy@yupeisoft.com

温昱　资深咨询顾问，软件架构专家。软件架构思想的传播者和积极推动者，中国软件技术大会杰出贡献专家。十五年系统规划、架构设计和研发管理经验，在金融、航空、多媒体、电信、中间件平台等领域负责和参与多个大型系统的规划、设计、开发与管理。

昱培咨询
YUPEI CONSULTING

training@yupeisoft.com

昱培咨询专注于如下三个领域的咨询与培训：

- 架构设计
- 详细设计
- 设计重构

几年来，我们为近百家软企提供了卓有成效的服务。

长期一线经验的积累，更促成了 ADMEMS 架构实践体系、ARCT 设计重构方法论的形成和成熟，并已成为了我们服务品质的重要保证之一。

架构设计方法体系

ARCT重构方法论

CONTENTS

目　　录

第1部分　基本概念篇

第 2 部分　实践过程篇

第 3 部分　模块划分专题

第1章
从程序员到架构师

自由竞争越来越健全，真正拥有实力的人越来越受到推崇。……努力钻研，力求在更高水平上解决问题的专家不断增加，这正如电脑处理信息的能力在不断提高一般。如今，这样的时代正在到来。

——大前研一，《专业主义》

机会牵引人才，人才牵引技术，技术牵引产品，产品牵引更大的机会。在这四种牵动力中，人才所掌握的知识处于最核心的地位。

——张利华，《华为研发》

人才，以及合理的人才结构，是软件公司乃至软件业发展的关键。

成才，并在企业中承担重要职责，是个人职业发展的关键。

1.1 软件业人才结构

1.1.1 金字塔型，还是橄榄型？

有人说，软件业当前的人才结构是橄榄型（中间大两头小），需求量最大的"软件蓝领"短缺问题最为凸显，这极大地制约着软件业的发展，因此要花大力气培养大量的初级软件程序员等"蓝领工人"。

但业内更多人认为，软件业当前的人才结构是金字塔型，高手和专家型人才的总量不足才是"制约发展"的要害，因此一方面软件工程师应争取提升技能、升级转型，另一方面企业和产业应加强高级技能培训、高级人才培养。

软件业的人才结构，到底是金字塔型，还是橄榄型？

本书认为，一旦区分开"学历结构"和"能力结构"，问题就不言自明了（如图 1-1 所示）：

- 学历结构 ＝ 橄榄型。"中级学历"最多。有资料称，软件从业者中研究生、本科与专科的比例大致是 1:7:2。

- 能力结构 ＝ 金字塔型。"初级人才"最多。工作 3 年以上的软件工程师，就一跃成为"有经验的中级人才"了吗？显然不一定。

- 有学历 ≠ 有能力。每个开发者真正追求的是，成为软件业"人才能力结构"的顶级人才或中级人才。

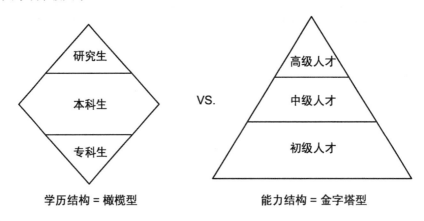

图 1-1　人才结构的两个视角

1.1.2　从程序员向架构师转型

人才能力的金字塔结构，注定了软件产业的竞争从根本上是人才的竞争。具体到软件企业而言，一个软企发展的好坏，极大地取决于如下人才因素：

- 员工素质。
- 人才结构。
- 员工职业技能的纵深积累。
- 员工职业技能的适时更新。

借用《华为研发》一书中的说法，"机会、人才、技术和产品是公司成长的主要牵动力。机会牵引人才，人才牵引技术，技术牵引产品，产品牵引更大的机会。在这四种牵动力中，人才所掌握的知识处于最核心的地位。"

然而，纯粹靠从外部"招人"，不现实。何况，软件企业、软企的竞争对手和软件产业环境，都处在动态发展之中。因此，软件企业应该：

- 定期分析和掌握本公司的员工能力状况、人才结构状况；

- 员工专项技能的渐进提升（例如架构技能、设计重构技能）；
- 研发骨干整体技能的跨越转型（例如高级工程师向架构师、系统工程师和技术经理的转型）。

对于本书的主题"软件架构设计能力的提升"而言，架构设计能力是实践性很强的一系列技能，从事过几年开发工作是掌握架构设计各项技能的必要基础。因此可以说，"从程序员向架构师转型"不仅是软件开发者个人发展的道路之一，也是企业获得设计人才的合适途径。

1.2　本书价值

本书包含 3 部分，分别是：

- 第 1 部分：基础概念篇。
- 第 2 部分：实践过程篇。
- 第 3 部分：模块划分专题。

读者可以根据自身发展状况、实际工作需要，选择合适的阅读路径（如图 1-2 所示）。

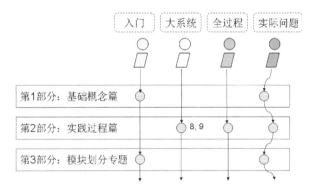

图 1-2　不同目的，不同阅读路径

1.2.1　阅读路径 1：架构设计入门

对于架构还未入门的程序员，推荐先重点阅读"基础概念篇"和"模块划分专题"：

- 基础概念篇解析架构概念（第 2 章）之后，讲解如何运用"逻辑视图+物理视图"设计架构（第 3 章）。
- 模块划分专题讲解模块划分的不同方法，将讨论功能模块、分层架构、用例驱动的模块划分过程等内容（第 12～15 章）。

架构设计入门必过"架构视图关"。本书细致讲解"逻辑视图＋物理视图"的运用，如图 1-3 所示，体会了"分而治之"和"迭代式设计"这两点关键思想，运用"逻辑视图＋物理视图"设计一个系统的架构也就不那么难了。

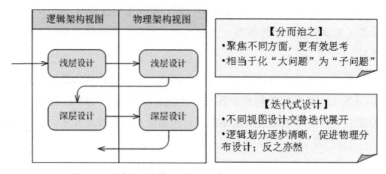

图 1-3　两视图法的"分而治之"和"迭代"思想

架构设计入门必过"模块划分关"。本书"模块划分专题"总结了模块划分的 4 种方式，如图 1-4 所示。这其中，既有"水平分层"、"垂直划分功能模块"和"从用例到类、再到模块"等设计思想，也有不推荐的想到哪"切"到哪的设计方式。

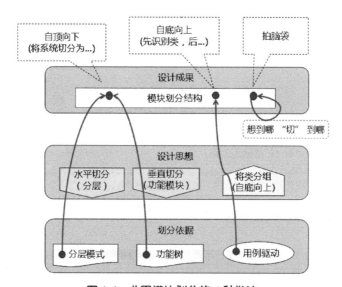

图 1-4　业界模块划分的 4 种做法

当一个程序员，看懂了他们团队的架构师是如何划分模块的（甚至问"你为啥只垂直切子系统没分层呢"），那他离成为架构师还远吗？

1.2.2　阅读路径 2：领会大系统架构设计

入门之后，进一步学习大型系统架构成败的关键——概念架构设计。推荐精读如下两章：

- 　　第 8 章。如何确定影响架构设计的关键需求。
- 　　第 9 章。概念架构如何设计。

小系统和大系统的架构设计之不同，首先是"概念架构"上的不同，而归根溯源这是由于架构所支撑的"关键需求"不同造成的。整个架构设计过程中的"确定关键需求"这一环节，可谓小系统和大系统架构设计的"分水岭"，架构设计走向从此大不相同。

概念架构是直指系统目标的设计思想、重大选择，因而非常重要。《方案建议书》《技术白皮书》和市场彩页中，都有它的身影，以说明产品/项目/方案的技术优势。因此，也有人称它为"市场架构"。

概念架构设计什么？从设计任务上，概念架构要明确"1 个决定、4 个选型"，如图 1-5 所示。

概念架构如何设计？从设计步骤的顺序上，本书推荐（如图 1-6 所示）：

图 1-5　概念架构设计什么？

- 首先，选择架构风格、划分顶级子系统。这两项设计任务是相互影响、相辅相成的。
- 然后，开发技术选型、集成技术选型、二次开发技术选型。这三项设计任务紧密相关、同时进行。另外可能不需要集成支持，也可以决定不支持二次开发。

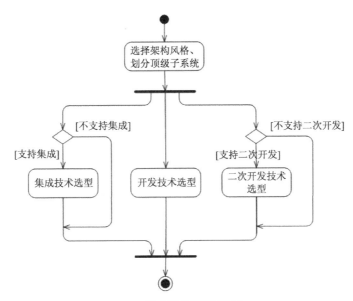

图 1-6　概念架构如何设计？

1.2.3　阅读路径 3：从需求到架构的全过程

专业的架构设计师，必须掌握架构设计的"工程化过程"。以此为目标的读者，请精读"实践过程篇"的内容。

- 第 4 章。概述从需求到架构的全过程，还提供了一节叫"速查手册"，供快速查阅每个环节的工作内容。

- 第 5～11 章。按如下 6 个环节的展开讨论：需求分析、领域建模、确定关键需求、概念架构设计、细化架构设计、架构验证。

内容虽多，用一幅图概括也不是不可能，在为企业培训架构时我们就经常这么做——图 1-7 即，展示了从需求到架构整个过程中的关键任务项。

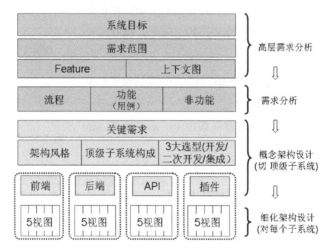

图 1-7　架构设计的全过程

1.2.4　阅读路径 4：结合工作，解决实际问题

最后，按照经典名著《如何阅读一本书》中所说的"主动阅读"法，读者还可以"带着问题"、"以我为主"地"跳读"。

【实际问题 1】开发人员的一个很经典的困惑是：领域经验不足怎么办？

本书第 7 章，给出了建议。破解"领域知识不足"死结的一个有效方法，是把领域模型作为"理解领域的手段"。领域模型的"强项"是"理顺概念关系、搞清业务规则"——通过对复杂的领域进行"概念抽象"和"关系抽象"建立模型、获得对领域知识总体上的把握，就不会掉入杂乱无章的概念"堆"里了。

【实际问题 2】又例如，你所在的部门，是否存在这样的问题：不同的人对架构有不同的理解？

本书第 2 章，推荐结合部门的实际工作，来理解架构的含义，统一团队不同成员对架构的理解。

【实际问题 3】用例建模够不够？流程建模要不要？笔者接触的很多实践者，都有此困惑。

本书第 6 章，简述了需求分析"三套实践论"的观点，提出"大、中、小"三套可根据系统特点选择的需求实践策略，可供实践者参考。如图 1-8、图 1-9 和图 1-10 所示。

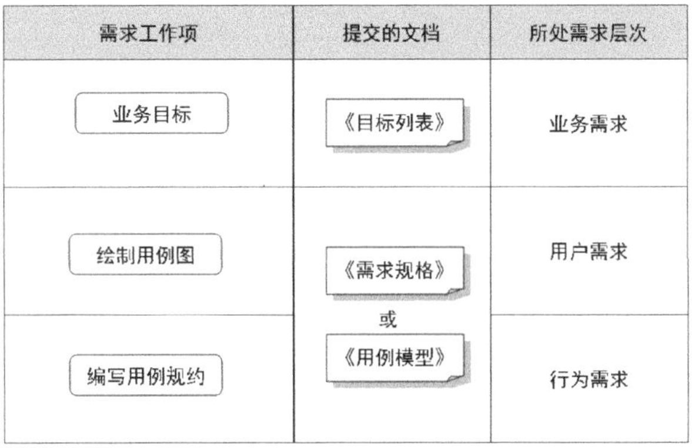

需求工作项	提交的文档	所处需求层次
业务目标	《目标列表》	业务需求
绘制用例图	《需求规格》或《用例模型》	用户需求
编写用例规约		行为需求

图 1-8　需求实践论之小型方法

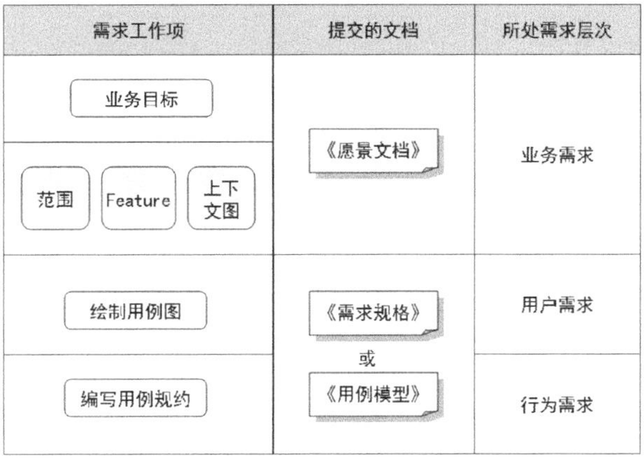

需求工作项	提交的文档	所处需求层次
业务目标 范围　Feature　上下文图	《愿景文档》	业务需求
绘制用例图	《需求规格》或《用例模型》	用户需求
编写用例规约		行为需求

图 1-9　需求分析实践论之中型方法

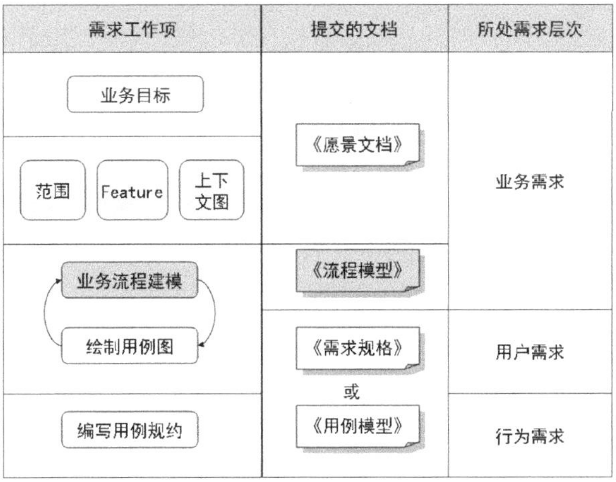

需求工作项	提交的文档	所处需求层次
业务目标 范围　Feature　上下文图	《愿景文档》	业务需求
业务流程建模	《流程模型》	
绘制用例图	《需求规格》或《用例模型》	用户需求
编写用例规约		行为需求

图 1-10　需求实践论之大型方法

由此可见，是实践决定方法，不是方法一刀切实践。

更多问题的解决思路在此不再列举，祝阅读之旅愉快！

第 1 部分

基本概念篇

第 2 章
解析软件架构概念

什么是架构？如果你问五个不同的人，可能会得到五种不同的答案。

——Ivar Jacobson，《AOSD 中文版》

很多人都试图给"架构"下定义，而这些定义本身却很难统一。

——Martin Fowler，《企业应用架构模式》

不积跬步，无以至千里。

程序员在向架构师转型时，都希望尽早弄清楚"什么是架构"。但是，架构的定义又多又乱，已造成"什么是架构"成了程序员向架构师转型的"大门槛"。

本章，我们讨论软件架构的概念。

值得说明的是，人们对"Architecture"有着不同的中文叫法，比如架构、构架和体系结构等。本书将一贯地采用"架构"的叫法；当然，当引用原文或提及书名时将保留原来的叫法。

2.1　软件架构概念的分类

一个词（比如"电脑"），可能并不代表一件单独的东西，而是代表了一类事物。这个一般性的表述就是我们通常所说的"概念"。

也许读者期待一个干净利落的软件架构概念，但这有点儿难。对此，Martin Fowler 给出的评价是：

软件业的人乐于做这样的事——找一些词汇，并将它们引申到大量微妙而又相互矛盾的含义中。一个最大的受害者就是"架构"这个词。……很多人都试图给"架构"下定义，而这些定义本身却很难统一。

本书将软件架构概念分为两大流派——组成派和决策派，帮助各级开发人员快速理清"什么是架构"的基础问题。下面就采用这种方式介绍架构概念。

2.1.1　组成派

Mary Shaw 在《软件体系结构：一门初露端倪学科的展望》中，为"软件架构"给出了非常简明的定义：

软件系统的架构将系统描述为计算组件及组件之间的交互。（The architecture of a software system defines that system in terms of computational components and interactions among those components.）

必须说明，上述定义中的"组件"是广泛意义上的元素之意，并不是指和 CORBA、DCOM、EJB 等相关的专有的组件概念。"计算组件"也是泛指，其实计算组件可以进一步细分为处理组件、数据组件、连接组件等。总之，"组件"可以指子系统、框架（Framework）、模块、类等不同粒度的软件单元，它们可以担负不同的计算职责。

上述定义是"组成派"软件架构概念的典型代表，有如下两个显著特点：

（1）关注架构实践中的客体——软件，以软件本身为描述对象；

（2）分析了软件的组成，即软件由承担不同计算任务的组件组成，这些组件通过相互交互完成更高层次的计算。

2.1.2　决策派

RUP（Rational Unified Process，Rational 统一过程）给出的架构的定义非常冗长，但其核心思想非常明确：软件架构是在一些重要方面所做出的决策的集合。下面看看它的定义：

软件架构包含了关于以下问题的重要决策：

- 软件系统的组织；
- 选择组成系统的结构元素和它们之间的接口，以及当这些元素相互协作时所体现的行为；
- 如何组合这些元素，使它们逐渐合成为更大的子系统；
- 用于指导这个系统组织的架构风格：这些元素以及它们的接口、协作和组合。

- 软件架构并不仅仅注重软件本身的结构和行为，还注重其他特性：使用、功能性、性能、弹性、重用、可理解性、经济和技术的限制及权衡，以及美学等。

该定义是"决策派"软件架构概念的典型代表，有如下两个显著特点：

（1）关注架构实践中的主体——人，以人的决策为描述对象；

（2）归纳了架构决策的类型，指出架构决策不仅包括关于软件系统的组织、元素、子系统和架构风格等几类决策，还包括关于众多非功能需求的决策。

2.1.3 软件架构概念大观

下面再列举几个著名的软件架构定义，请大家：

- 结合实践，体会自己所认为的"架构"是什么，也可问问周围同事对架构的理解；
- 体会专家们给"架构"下的定义虽多，但万变不离其宗——都是围绕"组成"和"决策"两个角度定义架构的；
- 注意区分，下面的定义 1 和定义 2 属于架构概念的"决策派"，而定义 3、4、5、6、7 属于架构概念的"组成派"；
- 关注定义 7（来自 SEI 的 Len Bass 等人），它将架构的多视图"本性"体现到了定义当中，是相对比较新的定义，业界都深表认同。

1. Booch、Rumbaugh 和 Jacobson 的定义

架构是一系列重要决策的集合，这些决策与以下内容有关：软件的组织，构成系统的结构元素及其接口的选择，这些元素在相互协作中明确表现出的行为，这些结构元素和行为元素进一步组合所构成的更大规模的子系统，以及指导这一组织——包括这些元素及其接口、它们的协作和它们的组合——架构风格。

2. Woods 的观点

Eoin Woods 是这样认为的：软件架构是一系列设计决策，如果做了不正确的决策，你的项目可能最终会被取消（Software architecture is the set of design decisions which, if made incorrectly, may cause your project to be cancelled.）。

3. Garlan 和 Shaw 的定义

Garlan 和 Shaw 认为：架构包括组件（Component）、连接件（Connector）和约束（Constrain）三大要素。组件可以是一组代码（例如程序模块），也可以是独立的程序（例如数据库服务器）。连接件可以是过程调用、管道和消息等，用于表示组件之间的相互关系。"约束"一般为组件连接时的条件。

4．Perry 和 Wolf 的定义

Perry 和 Wolf 提出：软件架构是一组具有特定形式的架构元素，这些元素分为三类：负责完成数据加工的处理元素（Processing Elements）、作为被加工信息的数据元素（Data Elements）及用于把架构的不同部分组合在一起的连接元素（Connecting Elements）。

5．Boehm 的定义

Barry Boehm 和他的学生提出：软件架构包括系统组件、连接件和约束的集合，反映不同涉众需求的集合，以及原理（Rationale）的集合。其中的原理，用于说明由组件、连接件和约束所定义的系统在实现时，是如何满足不同涉众需求的。

6．IEEE 的定义

IEEE 610.12-1990 软件工程标准词汇中是这样定义架构的：架构是以组件、组件之间的关系、组件与环境之间的关系为内容的某一系统的基本组织结构，以及指导上述内容设计与演化的原理（Principle）。

7．Bass 的定义

SEI（Software Engineering Institute，SEI，美国卡内基·梅隆大学软件研究所）的 Len Bass 等人给架构的定义是：某个软件或计算机系统的软件架构是该系统的一个或多个结构，每个结构均由软件元素、这些元素的外部可见属性、这些元素之间的关系组成。（The software architecture of a program or computing system is the structure or structures of the system, which comprise software elements, the externally visible properties of those elements, and the relationships among them.）

2.2　概念思想的解析

2.2.1　软件架构关注分割与交互

架构设计是分与合的艺术。

"软件系统的架构将系统描述为计算组件及组件之间的交互"，Shaw 的这个定义从"软件组成"角度解析了软件架构的要素：组件及组件之间的交互。如图 2-1 所示（采用 UML 类图），架构=组件+交互，组件和组件之间有交互关系（图中的"交互"关系建模成 UML 关联类）。

下面以大家熟悉的 MVC 架构为例进行说明。如图 2-2 所示。

- 采用 MVC 架构的软件包含了这样 3 种组件：Model、View、Controller。
- 这 3 种组件通过交互来协作：View 创建 Controller 后，Controller 根据用户交互调用 Model 的相应服务，而 Model 会将自身的改变通知 View，View 则会读取 Model 的信息以更新自身。

13

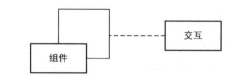

图 2-1　软件架构的要素：组件及组件之间的交互

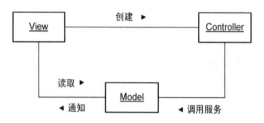

图 2-2　MVC 架构作为"组件＋交互"的例子

通过此例可以看出，"组件＋交互"可以将 MVC 等"具体架构设计决策"高屋建瓴地抽象地表达出来。

2.2.2　软件架构是一系列有层次的决策

架构属于设计，但并非所有设计都属于架构。架构涉及的决策，往往对整体质量、并行开发、适应变化等方面有着重大影响（否则就放到详细设计环节了）：

- 模块如何划分。
- 每个模块的职责为何。
- 每个模块的接口如何定义。
- 模块间采用何种交互机制。
- 开发技术如何选型。
- 如何满足约束和质量属性的需求。
- 如何适应可能发生的变化。

　　……

还有很多

而且实际的设计往往是分层次依次展开的——无论是决策如何切分系统还是决策技术选型都是如此：

- 例如，你设计一个 C/S 系统时，是不是经历着这样一个"决策树"过程：……嗯，我决定采用 C/S 架构，系统包含 Client 和 Server；……嗯，我决定将 Server 分为三层；……嗯，我决定将 Server 的引擎层划分为 N 个模块；……（如图 2-3 所示。）
- 例如，你设计一个 B/S 系统时，可曾有过这样的"决策过程"：……嗯，我决定 B/S 前端采用 JSP 技术；……嗯，具体到 Framework 我选 Struts；……（如图 2-4 所示。）

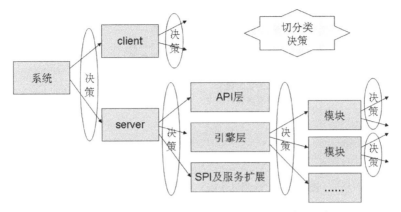

图 2-3　架构设计过程是一棵决策树（切分类决策）

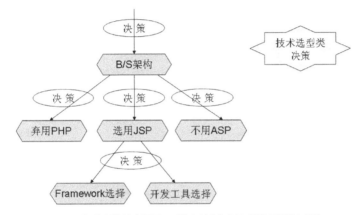

图 2-4　架构设计过程是一棵决策树（技术选型类决策）

再举一例。现在你来设计一个硬件设备调试系统。

第 1 步，理解需求——此时软件系统是黑盒子

如图 2-5 所示，你要设计的系统现在还未切分，它的主要需求目标有：

- 作为设备调试系统，其主要功能是实时显示设备状态，以及支持用户发送调试命令；
- 另外，由于是为硬件产品配套的软件系统，所以它必须容易被测试，否则是硬件故障还是软件故障将很难区分；
- 再就是必须具有很高的性能，具体性能指标为"每秒钟能够刷新 5 次设备状态的显示，并同时支持一个完整命令字的发送"。

第 2 步，首轮决策——此时软件系统被高层切分

之后，软件架构师必须规划整个系统的具体组成。通常，对于一个独立的软件系统而言，它常常被划分为不同的子系统或分系统，每个部分承担相对独立的功能，各部分之间通过特定的交互机制进行协作。

15

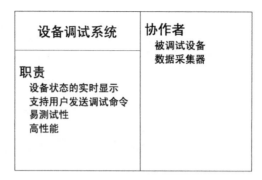

图 2-5　设备调试系统：主要目标（CRC 卡）

　　而此例中的设备调试系统则不同，它有两个相对独立的应用组成：一个桌面应用和一个嵌入式应用。

　　那么，它们如何通信呢？最终决定，将它们通过串口连接，采用 RS232 协议进行通信。

　　再接下来，架构师必须决定这两个应用分别担负哪些职责（如图 2-6 中的 CRC 卡所示）：桌面应用部分负责提供模拟控制台和状态显示；而嵌入式应用部分负责设备的控制和状态数据的读取。

桌面应用	协作者
	嵌入式应用
职责	
负责设备状态的显示 提供模拟控制台供用户发送 调试命令 通过串口和嵌入式应用通信	

嵌入式应用	协作者
	桌面应用 被调试设备 数据采集器
职责	
负责对调试设备的具体控制 高频度地从数据采集器读取 设备状态数据 通过串口和桌面应用通信	

图 2-6　设备调试系统：组成部分（CRC 卡）

第 3～N 步，继续决策——此时软件系统被切分成更小单元

　　……现在，设备调试系统的桌面应用部分，也要划分成模块吧（如图 2-7 所示）。

　　通信部分被分离出来作为通信层，它负责在 RS232 协议之上实现一套专用的"应用协议"：当应用层发送来包含调试指令的协议包时，它会按 RS232 协议将之传递给嵌入部分；当嵌入部分发送来原始数据时，它将之解释成应用协议包发送给应用层。

　　而应用层负责设备状态的显示，提供模拟控制台供用户发送调试命令，并使用通信层和嵌入部分进行交互。

　　……如此步步设计下去，你就该问自己"架构的哪些目标还未达成"诸如此类的问题了。例如"应用层"怎样高速响应用户？例如"通信层"如何高性能地接受串口数据而不造成数据丢失？在此不再赘述。

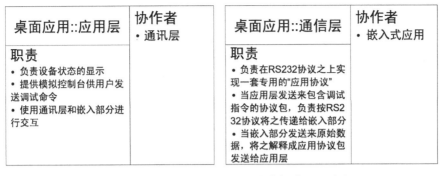

图 2-7　其中的桌面应用：进一步分解（CRC 卡）

2.2.3　系统、子系统、框架都可以有架构

虽然我们最常听到的说法是"软件系统的架构"，但未必是完整的软件系统才有架构。真实的软件其实是"由组件递归组合而成"的，图 2-8 运用 Composite 模式刻画了这一点：

- 组件的粒度可以很小，也可以很大；任何粒度的组件都可以组合成粒度更大的整体。即所谓的粒度多样性问题；
- 组件粒度的界定，必须在具体的实践上下文中才有意义；你的大粒度组件，对我而言可能是原子组件。即所谓的粒度相对性问题；
- 组件分为原子组件和复合组件两种；在特定的实践上下文中，原子组件是不可再分的；复合组件是由其他组件（既可以是原子组件，又可以是复合组件）组合而成的；无论是原子组件还是复合组件，它们之间都可以通过交互来完成更复杂的功能。

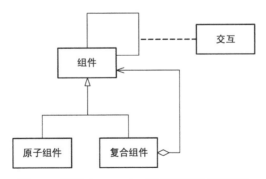

图 2-8　借助 Composite 模式刻画真实的软件

是时候为"软件架构"找准位置了，答案看上去惊人的简单（如图 2-9 所示）：

- 架构设计是针对作为复合整体的"复杂软件单元"的，架构规定了"复杂软件单元"如何被设计的重要决策；
- 实际上，系统、子系统和框架（Framework）根据需要都可以进行架构设计。

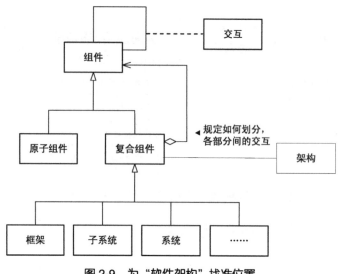

图 2-9 为"软件架构"找准位置

例如，航空航天领域的系统往往极为复杂，这样一来，总的系统需要配备系统架构师，子系统有时也会分别单独配备架构师。

又例如，用友华表 Cell 组件是标准的报表处理 ActiveX 组件，它提供几百个编程接口。虽然在用户看来它只是小小的"开盒即用"的 ActiveX 组件（上面说的"原子组件"），但它的研发团队从需求分析到架构设计到程序开发……都样样经历（上面说的"复杂软件单元"）。

再例如，随着面向服务架构（Service Oriented Architecture，SOA）被越来越多的人所接受，基于组件的软件工程（Component Based Software Engineering，CBSE）也为更多的人所认识。在此种情况下，整个系统的架构模式是 SOA，而每个组件本身也有自己的架构设计——在实践中不了解这一点会很危险。

推广开去，其实任何作为复合整体的复杂事物都可能有架构，比如一本书、一幢建筑物。那本"永不褪色的经典"《如何阅读一本书》中就说："每一本书的封面之下都有一套自己的骨架（Every book has a skeleton hidden between its boards）。"

2.3 实际应用（1）——团队对架构看法不一怎么办

2.3.1 结合手上的实际工作来理解架构的含义

你们公司，你所在的部门，是否存在这样的问题：不同的人对架构有不同的理解？

看法影响做法。先说程序员。如果程序员们对他们公司架构师的做法"不以为然"，会不会不按照架构进行后续的详细设计和编程呢？……这让我们不禁想到，程序代码实际体现的设计和《架构设计文档》差别很大，是很多公司都存在的现象。这背后，难道没有"程序员和架构师对架构有不同的理解"这一原因吗！

再说架构师。如果一个架构师认为"架构就是通用模块",那么他可能就不会关心非通用单元的设计。如果一个架构师认为"架构就是技术选型",那么他在拍板儿选择"Spring + Struts"之后就理所当然地无事可做了。如果一个架构师认为"投标时讲的架构就是架构的全部",那么他才不管那"三页幻灯"对程序员的实际开发指导不够呢(因为没有意识到)。

怎么办呢?

一通理论说教是不行的。太空洞,到了实际工作中,理解依然、做法照旧。

结合手上的实际工作来理解架构的含义,是笔者推荐的做法。

2.3.2　这样理解"架构"对吗

某公司,研发二部,他们一直在做的软件产品叫 PM Suite,是一套项目管理系统。

老王,研发二部部长,经验丰富、设计功力也非常深厚。

小张,众多程序员的代表,开发骨干,功底扎实、头脑灵活、工作努力。小张希望能在 1~2 年之内,从程序员转型成为架构师。

关于"什么是架构",小张是这么理解的:

> 在一些大型项目或者大型公司里,都是由架构师编写出系统接口,具体的实现类交给了程序员编写,公司越大这种情况越明显,所以在这些公司里做开发,我们可能都不知道编写出的系统是个什么样子,每天做的工作可能就是做"填空题"了。
>
> 当你发现越来越灵活地使用接口时,那么你就从程序员升级为架构师了。

老王用 3 个公式概括了一下小张的理解:

> 程　　序 = 类 + 类级接口
>
> 架构设计 = 定义类级接口
>
> 编程开发 = 像做填空题似的写实现类

这可行吗?将架构设计一下子细致到类:一是难度太大不现实,二是工作量太大没必要,三是并发呀部署呀都没考虑、性能安全可伸缩等需求能达标?……于是老王开始担心了。

2.3.3　工作中找答案:先看部分设计

老王找来小张,铺开纸笔,开始拿实际工作来"说事儿"。他说:

咱们的 PM Suite 系统，有一项名为"查看甘特图"的需求，用户要求"能够以甘特图方式查看任务的起始时间、结束时间、任务承担者等信息"。经过分析我们不难发现，PM Suite 至少应提供两种查看任务计划的方式：一种是以表格的方式将任务名称、开始时间等信息列出，另一种是采用甘特图。如图 2-10 所示。

第一种展现方式 　　　　第二种展现方式

> 任　务：某模块开发任务（2006 年 3 月 14 日开始，共 9 个工作日，由老张组负责）
> 子任务：设计（2006 年 3 月 14 日开始，共 2 个工作日，由小李负责）
> 子任务：开发（2006 年 3 月 16 日开始，共 6 个工作日，由小王负责）
> 子任务：单元测试（2006 年 3 月 21 日开始，共 3 个工作日，由小王负责）

任务如何计划，如何分配

图 2-10　PM Suite 至少要提供两种查看任务计划的方式

任务是如何计划的？又具体分配给哪些项目成员？这些信息和 PM Suite 采用何种方式来展现应当是没有关系的。根据此分析，我们立即想到采用 MVC 架构，将业务逻辑和展现逻辑分开，如图 2-11 所示。

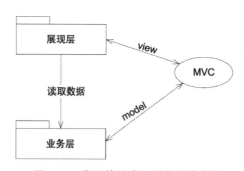

图 2-11　和具体技术无关的架构方案

上面的架构设计，还处于"和具体技术无关"的层面。我们必须考虑更多的实际开发中要涉及的技术问题，从而不断细化架构方案，这样才能为开发人员提供更多的指导和限制，也才能真正降低后续开发中的重大技术风险。

对于 PM Suite 要显示甘特图而言，"甘特图绘制包"是自行开发的，还是采用的第三方 SDK，就是一个很重要的技术问题。考虑如下：

- 一方面，用户根本不关心"甘特图绘制包"的问题，他们只在乎自己的需求是否得到了满足；而项目工期是很紧的，自行开发"甘特图绘制包"势必增加其他工作的压力，为什么不采用第三方 SDK 呢？

- 另一方面，短期内决定采用的第三方"甘特图绘制包"可能并不是最优的，所以并不希望 PM Suite "绑死"在特定"甘特图绘制包"上。

基于以上分析，架构师会决定：采用第三方 SDK，但会自主定义"甘特图绘制接口"将 SDK 隔离。如图 2-12 所示。

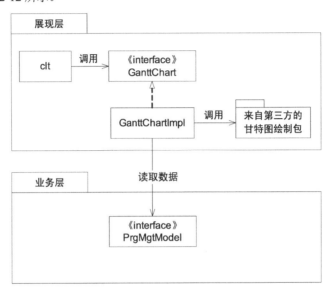

图 2-12　和技术相关的架构方案

有的读者应该已经看出来了，上述设计中采用了 Adapter 设计模式。

适配器（Adapter）模式

关键字：已存在/不可预见　复用

支持变化：由于 Adapter 提供了一层"间接"，使得我们可以复用一个接口不符合我们需求的已存在的类，也可以使一个类（Adaptee）在发生不可预见的变化时，仅仅影响 Adapter 而不影响 Adapter 的客户类。

结构：

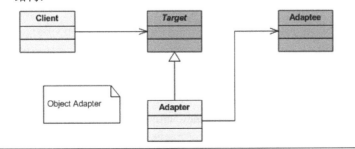

2.3.4　工作中找答案：反观架构概念的体现

看到小张听得挺有感觉，老王话锋一转，话题落于架构的理解上。他说：

有关 PM Suite 的设计，先讲到这儿，我再简单说一下"什么叫架构"。架构的定义很乱，但可以分为两派。

组成派：　架构 = 组件 + 交互

决策派：　架构 = 一组重要决策

刚才有关 PM Suite 的设计虽然仅涉及架构的"冰山一角"，但仍然可以体现软件架构的概念——对组成派和决策派的架构概念都有体现。

先说组成派的架构概念，它强调软件架构包含了"计算组件及组件之间的交互"。组件体现在哪里呢？

- 【回顾图 2-11】。"业务层"和"展现层"就是两个组件；当然，这两个组件粒度很粗，并且完全是黑盒。
- 【到了图 2-12】。为了支持 MVC 协作机制，设计中引入了 PrgMgtModel、GanttChart 和 GanttChartImpl 等关键类。可以说，"业务层"和"展现层"两个组件在某种程度上已从黑盒变成了灰盒，从而能提供更具体的开发指导。

那么，软件架构概念中所说的"交互"体现在哪里呢？

- 【回顾图 2-11】。"业务层"和"展现层"两个粗粒度组件之间的交互为：展现层从业务层"读取数据"。
- 【到了图 2-12】。"读取数据"这一交互已经"具体落实"成了"GanttChartImpl 从 PrgMgtModel 读取数据"。另外，图中还有两个"调用"关系。

由此看来，组成派软件架构概念完全是对架构设计方案的忠实概括，只不过有一点儿抽象罢了。

再看看决策派的架构概念，它归纳了架构决策的类型，指出架构决策不仅包括关于软件系统的组织、元素、子系统、架构风格等的几类决策，还包括关于众多非功能需求的决策。

- 【回顾图 2-11】。业务层和展现层分离，体现了架构概念中的"软件系统的组织"决策，业界也普遍认同。
- 【到了图 2-12】。为了防止 PM Suite"绑死"在特定甘特图绘制包上，设计中引入自主定义的 GanttChart 接口，让实现该接口的 GanttChartImpl 转而调用第三方 SDK（其实就是 Adapter 设计模式）。这样一来，架构就有了弹性——当发现功能更强大的甘特图程序包时（或决定直接调用 Java 2D 自行开发甘特图绘制部分时），可以方便地仅更改 GanttChartImpl，而其他组件不用更改（如图 2-13 所示）。

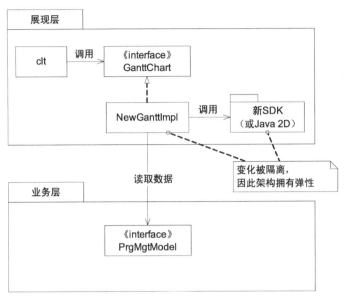

图 2-13 软件架构如何具有弹性

老王最后说：呵呵，组成派和决策派无非是个叫法，它们只不过是所站的角度不同罢了，你在具体设计一个架构时都会有所体现的。

第 3 章
理解架构设计视图

"有角度就有空间"。……多视图方法背后的核心思想有些相似：从不同角度，规划"分割"与"交互"。

——温昱，《一线架构师实践指南》

不同的视图支持不同的目标和用途。

——Paul Clements，《软件构架编档》

架构设计是一门解决复杂问题的艺术。

设计任何复杂系统时，架构视图都是不可或缺的（无一例外）。但由于在日常开发工作中较少接触，大部分程序员对"设计视图"的思想还比较陌生。

本章围绕"架构视图"这一主题，将逐次讨论：

- 设计架构时，架构视图为什么必不可少？【本章问题 1】
- 什么是架构视图？【本章问题 2】
- 如何运用"逻辑视图＋物理视图"设计一个系统的架构？【本章问题 3】

3.1 软件架构为谁而设计

办公室里，关于什么是软件架构，争论正酣。

程序员说，软件架构就是要决定需要编写哪些 C 程序或 OO 类、使用哪些现成的程序库（Library）和框架（Framework）。**程序经理笑了。**

程序经理说，软件架构就是模块的划分和接口的定义。**系统分析员笑了。**

系统分析员说，软件架构就是为业务领域对象的关系建模。**配置管理员笑了。**

配置管理员说，软件架构就是开发出来的以及编译过后的软件到底是个啥结构。**数据库工程师笑了。**

数据库工程师说，软件架构规定了持久化数据的结构，其他一切只不过是对数据的操作而已。**部署工程师笑了。**

部署工程师说，软件架构规定了软件部署到硬件的策略。**用户笑了。**

用户说，软件架构应该将系统划分为一个个功能子系统。**程序员又笑了。**

大家想了想说，我们都没错呀，所有这些方面都是需要的啊。……**软件架构师哭了。**

由此看来，不同涉众看待架构的视角是不同的，而架构师要为不同的涉众而设计。

怎么办呢？同时关注多个架构设计视图。架构视图的本质是"分而治之"，能帮助架构师从不同角度设计，特别是面对复杂系统时"分而治之"地设计是必需的。

这就回答了"设计架构时，架构视图为什么必不可少"的问题【**本章问题 1**】。

3.1.1　为用户而设计

为什么要开发某个软件系统呢？因为要给用户使用：或辅助用户完成日常工作，或帮助用户管理某些信息，或给用户带来娱乐体验……不一而足。

用户要功能，用户也要质量。

每套软件都会提供这样或那样的功能，正是这些功能帮助用户实现他们在工作或生活中的特定目标。用户所需的功能和系统本身的结构一定是相互影响的，这正是软件架构师要特别关注的。先举个生活中的例子吧。例如，因为功能不尽相同，所以"转笔刀"的结构和"专用刀片"的结构也不一样（如图 3-1 所示）：小学生需要削铅笔，那一定是转笔刀最适合他们，因为方便易用，一转即可；而美术师需要用铅笔来画素描，他们则需要使用专用刀片，因为转笔刀难以削出满足不同绘画要求的形状各异的笔尖。同样，对于软件系统而言，用户需求是千差万别的，我们采用的软件架构必须和所要提供的功能相适应。因此，软件架构师必须时时牢记：为用户而设计。

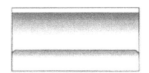

图 3-1　生活中的例子：功能与结构相互影响

诸如性能、易用性等软件质量属性，并不像上面所述的软件功能那样直接帮助用户达到特定目标，但并不意味着软件质量属性不是必需的——恰恰相反，质量属性差的软件系统大多都不会成功。例如，你提供了用户要求的"交易查询"功能，但这一功能动辄就需要花上几分钟，用户能接受吗？当然不能接受。用户会说，功能虽然具备了，但质量太差难以接受。用户在使用软件系统的过程中，其关心的质量属性可能包括易用性、性能、可伸缩性、持续可用性和鲁棒性等。因此，软件架构师也应当时时牢记：为用户而设计，不仅满足用户要求的功能，也要达到用户期望的质量。

3.1.2　为客户而设计

很多时候，客户（Customer）≠ 最终用户（User）。

例如，对超市销售系统而言，客户是某家连锁超市（的老板），而用户则是超市收银员和上货员。

架构师为客户而设计：充分考虑客户的业务目标、上线时间的要求、预算限制，以及集成需要等，还要特别关注客户所在领域的业务规则和业务限制。为此，架构师应当直接或（通过系统分析员）间接地了解和掌握上述需求及约束，并深刻理解它们对架构的影响，只有这样才能设计出合适的软件架构。合适的才是最好的，例如，如果客户是一家小型超市，软件和硬件采购的预算都很有限，那么你就不宜采用依赖太多昂贵中间件的软件架构设计方案。

3.1.3　为开发人员而设计

先研究需求，再设计架构，然后交由开发人员编程……作为架构，不仅要为"上游"的需求而设计，还要为"下游"的开发人员而设计。

例如，性能是软件运行期质量属性，最关心性能的人其实是客户；但可扩展性是软件开发期质量属性，项目开发人员和负责升级维护的开发人员最关心。

推及开去，其实，并不是所有需求都来自用户，软件的可扩展性、可重用性、可移植性、易理解性和易测试性等非功能需求更多地考虑对开发人员的影响。这类"软件开发期质量属性"深刻影响开发人员的工作，使开发更顺畅抑或更艰难。

3.1.4　为管理人员而设计

软件变得越来越复杂，单兵作战不再普遍，取而代之的是团队开发。而团队开发又反过来使软件开发更加复杂，因为现在不仅仅要面临技术复杂性的问题了，还有管理复杂性的问题。

开发人员之间的依赖，源自他们负责的程序之间的依赖（如图 3-2 所示）。要理清并管理人员协作，就应该搞清楚系统一级"模块+交互"的设计，搞清楚架构。可见，架构是开发管理的核心基础。

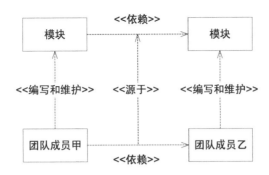

图 3-2　开发人员之间的依赖，源自他们负责的程序之间的依赖

看来，软件架构师也应为管理人员而设计。

　　例如，对软件项目管理而言，软件架构应当起到应有的作用：为项目经理制定项目计划、管理项目分工和考核项目进度等提供依据。一方面，软件架构从大局着手，就技术方面的重大问题作出决策，构造一个由粗粒度模块组成的解决方案，从而可以把不同模块分配给不同小组分头开发。另一方面，软件架构设计方案规定了各模块之间如何交互的机制和接口，在开发小组之间起到"沟通桥梁"和"合作契约"的作用。

　　再例如，对软件配置管理而言，软件架构师亦应顾及。一般而言，在软件架构确定之前，软件配置管理是无法全面开展的。配置管理员应该能够从软件架构方案中了解到开发出来的软件以什么样的目录结构存在，以及编译过后的软件目标模块放到哪个目录等决定，并以此作为制定配置管理基本方案的基础。

3.1.5　总结

　　架构师应当为项目相关的不同角色而设计（如图 3-3 所示）——只有这样，软件架构才能和它"包含了关于如何构建软件的一些最重要的设计决策"的"地位"相符。

图 3-3　软件架构为谁而设计

- 架构师要为"上游"客户负责，满足他们的业务目标和约束条件；
- 架构师要为"上游"用户负责，使他们关心的功能需求和运行期质量属性得以满足；
- 架构师必须顾及处于协作分工"下游"的开发人员；
- 架构师还必须考虑"周边"的管理人员，为他们进行分工管理、协调控制和评估监控等工作提供清晰的基础。

3.2　理解架构设计视图

什么是架构视图呢？【本章问题 2】

3.2.1　架构视图

架构视图的实践导向性很强，每个视图分别关注不同的方面，针对不同的实践目标和用途。Philippe Kruchten 在其著作《Rational 统一过程引论》中写道：

> 一个架构视图是对于从某一视角或某一点上看到的系统所作的简化描述，描述中涵盖了系统的某一特定方面，而省略了与此方面无关的实体。

架构视图是一种设计架构、描述架构的核心手段：

- 也就是说，架构要涵盖的内容和决策太多了，超过了人脑"一蹴而就"的能力范围，因此采用"分而治之"的办法从不同视角分别设计；
- 同时，也为软件架构的理解、交流和归档提供了方便。

在多种架构视图中，最常用的是逻辑架构视图和物理架构视图（本章稍后讨论如何运用"逻辑视图+物理视图"设计架构）。

3.2.2　一个直观的例子

在讲解软件的逻辑架构视图和物理架构视图之前，先看一个生活中视图的例子。

图 3-4 所示的世界人口分布图，是社会学家关心的；而气候学家，则更关心图 3-5 所示的世界年降水量分布图。这其实就运用了"视图"的手段，用不同视图来刻画我们关心的世界的不同方面——你完全可以将"世界人口分布图"称为"世界的人口分布视图"。

当然，更进一步而言，同一事物的不同视图之间是有联系的。例如，从图 3-4 和 3-5 上看，除了南美洲之外基本都是降水量足的地方人口较密集。我们下面将讨论的软件架构视图也是这样，不同视图之间存在相互影响。

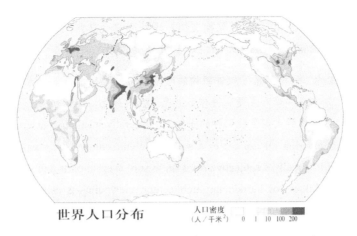

图 3-4　世界人口分布图（图片来源：www.dlpd.com）

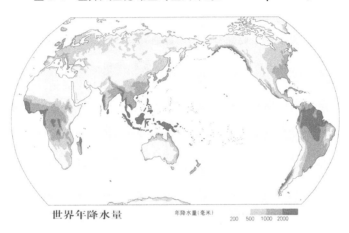

图 3-5　世界年降水量分布图（图片来源：www.dlpd.com）

3.2.3　多组涉众，多个视图

首先，考虑软件架构的表达与交流。

这是个很现实的问题。究其原因，由于角色和分工不同，整个软件团队以及客户等涉众各自需要掌握的技术或技能存在很大差异，为了完成各自的工作，他们需要了解整套软件架构决策的不同子集。所以，软件架构师应当提供不同的软件架构视图，以便交流和传递设计思想。例如：

- 系统工程师：由于负责部署和运营维护，他们最关心软件系统基于何种操作系统之上、依赖于哪些软件中间件、有没有群集或备份等部署要求、驻留在不同机器上的软件部分之间的通信协议是什么等决策；

- 而开发人员：则最关心软件架构方案中关于模块划分的决定、模块之间的接口如何定义、甚至架构指定的开发技术和现成框架是不是最流行的等问题；

    ......

不一而足。

相反，如果不同视图混为一谈，《架构文档》理解起来会非常困难、甚至看不懂。对此，Peter Herzum 等人在 *Business Component Factory* 一书中曾指出：

> 总的来说，"架构"一词涵盖了软件架构的所有方面，这些方面紧紧地缠绕在一起，决定如何将之分割成部分和主题显得相当主观。既然如此，就必须引入"架构视点"作为讨论、归档和理解大型系统架构的手段。（Generally speaking, the term architecture can be seen as covering all aspects of a software architecture. All its aspects re deeply intertwined, and it is really a subjective decision to split it up in parts and subjects. Having said that, the usefulness of introducing architectural viewpoints is essential as a way of discussing, documenting, and mastering the architecture of large-scale systems.）

第二，考虑软件架构的设计。

这个问题更为关键。软件架构是个复杂的整体，架构师可以"一下子"把它想清楚吗？当然不能。有关思维的科学研究表明，越是复杂的问题越需要分而治之的思维方式：

- 将"架构视图"作为分而治之的手段，使架构师可以分别专注于架构的不同方面，相对独立地分析和设计不同"子问题"，这相当于将"整个问题"简化和清晰化了；
- 再也不必担心逻辑层（Layer）、物理层（Tier）、功能子系统、模块、接口、进程、线程、消息和协议等设计统统混为一"潭"（泥潭？）了。

不幸的是，大多数书籍中都强调多视图方法是软件架构归档的方法，却忽视了该方法对架构设计思维的指导作用。而本书强调，多视图不仅是归档方式，更是架构设计的思维方式。

3.3 运用"逻辑视图+物理视图"设计架构

无论是软件架构，还是现实生活，运用"逻辑视图 + 物理视图"刻画大局，都方便有效。图 3-6 所示为办公室局域网：从物理角度看，所有计算机"毫无区别"地连接到路由器上；而从逻辑角度看呢，一台计算机充当文件服务器，而其他计算机是可以访问服务器的客户机。

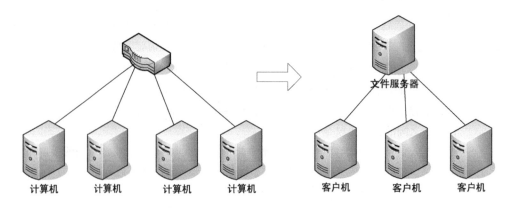

图 3-6　区分物理视角与逻辑视角

那么，如何运用"逻辑视图 + 物理视图"设计一个系统的架构呢？【本章问题 3】

3.3.1　逻辑架构

软件的逻辑架构规定了软件系统由哪些逻辑元素组成以及这些逻辑元素之间的关系。具体而言，组成软件系统的逻辑元素可以是逻辑层（Layer）、功能子系统、模块。

设计逻辑架构的核心任务，是比较全面地识别模块、规划接口，并基于此进一步明确模块之间的使用关系和使用机制。图 3-7 展示了一个网络设备管理系统逻辑架构设计的一部分，"模块+接口"是其设计的基本内容：

- 识别模块（例如，图中的 TopoGraphModel 等）；
- 规划模块的接口（例如，图中的 StatusChangedRender 等）；
- 明确模块之间的使用关系和使用机制（例如，图中的 StatusChanged 是由 GeneralModel 创建的消息，以参数的形式传递给 StatusChangedRender 接口）。

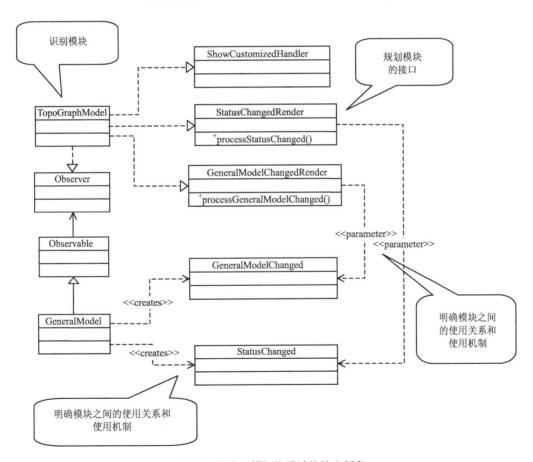

图 3-7　软件逻辑架构设计的核心任务

3.3.2 物理架构

软件的物理架构规定了组成软件系统的物理元素，这些物理元素之间的关系，以及它们部署到硬件上的策略。

物理架构可以反映出软件系统动态运行时的组织情况。此时，上述物理架构定义中所提及的"物理元素"就是进程、线程，以及作为类的运行时实例的对象等，而进程调度、线程同步、进程或线程通信等则进一步反映物理架构的动态行为。

随着分布式系统的流行，"物理层（Tier）"的概念大家早已耳熟能详。物理层和分布有关，通过将一个整体的软件系统划分为不同的物理层，可以把它部署到分布在不同位置的多台计算机上，从而为远程访问和负载均衡等问题提供了手段。当然，物理层是大粒度的物理单元，它最终是由粒度更小的组件、模块和进程等单元组成的。

物理架构的应用很广泛。例如，架构设计中可能需要专门说明数据是如何产生、存储、共享和复制的，这时可以利于物理架构，展示软件系统在运行期间数据是由哪些运行时单元产生以及是如何产生的、数据又如何被使用、如何被存储、哪些数据需要跨网络复制和共享等方面的设计决策。

由此可见，对于"逻辑架构 + 物理架构"这个"2 视图方法"而言，组成软件系统的"物理元素"涉及的内容比较宽泛，如图 3-8 所示。（也正是因为这个原因，设计大型系统的架构时会引入更多架构设计视图，从而使每个视图的设计内容更加明确，本书后续要讲的 5 视图法包含了逻辑架构、开发架构、运行架构、数据架构和物理架构。）

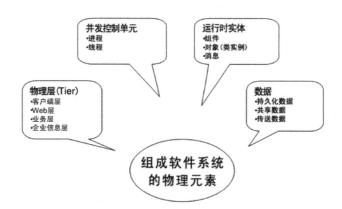

图 3-8 "2 视图方法"的物理架构可能的设计内容

3.3.3 从"逻辑架构+物理架构"到设计实现

架构设计，指导后续的详细设计和编程；而详细设计和编程，贯彻和利用这些设计（如图 3-9 所示）：

- 逻辑架构中关于职责划分的决策，体现为层、功能子系统和模块等的划分决定，从静态视角为详细设计和编程实现提供切实的指导；有了分解就必然产生协作，逻辑架构还规定了不同逻辑单元之间的交互接口和交互机制，而编程工作必须实现这些接口和机制。

- 所谓交互机制，是指不同软件单元之间交互的手段。交互机制的例子有：方法调用、基于 RMI 的远程方法调用、发送消息等。

- 至于物理架构，它关注的是软件系统在计算机中运行期间的情况。物理架构设计视图中规定了软件系统如何使用进程和线程完成期望的并发处理，进程线程这些主动单元（Active Unit）会调用哪些被动单元（Passive Unit）参与处理，交互机制（如消息）为何等问题，从而为详细设计和编程实现提供切实指导。

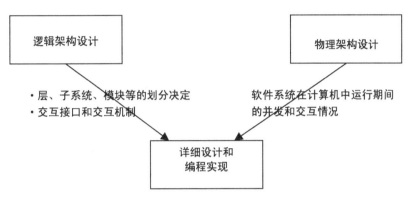

图 3-9　逻辑架构和物理架构对后续开发的作用

3.4　实际应用（2）——开发人员如何快速成长

3.4.1　开发人员应该多尝试设计

你们公司，你所在的部门，发现了一个问题，即"兵多将少"。程序员足够多但设计人员太少。

设计不满意似乎成了常态……

诸如相似模块的低水平重复开发等困扰挥之不去……

部门的总体工作效率低下……

你们会也开了，问题也讨论了，问题背后的问题也被"揪"出来了——开发人员的成长速度低于预期。

怎么办呢？

如果你是程序员，又盼着有一天能做架构师，就要明白"经历设计在前，成为架构师在后"的道理。也就是说，程序员要尽量找机会多看看别人的设计成果、多体会别人的设计过程、多试着自己来设计设计——这些方式都能促进对设计方法或技巧的领会。

如果你是主管，又深感手下"兵多将少"设计人才短缺，就要确认一下是不是给程序员接触设计的机会太少了。也就是说，主管应该尽量创造机会让程序员多看看别人的设计成果、多体会别人的设计过程、多试着自己来设计设计。

笔者的经验表明，结合培训、让开发人员对实验项目进行设计，也不失为一种快速提升设计技能的好办法。

3.4.2 实验项目：案例背景、训练目标

下面，我们来设计一个名为 MailProxy 的邮件代发系统。

众多公司的"客户服务系统"都需要批量地向客户发送邮件。（"客户服务系统"管理着企业对客户的服务内容，包括客户投诉、故障处理、客户咨询、客户查询、客户回访、客户建议、客户关怀等服务信息以及服务指标信息等。）而 MailProxy 作为一款软件产品，其核心功能就是：邮件代发。图 3-10 所示的用例图刻画了 MailProxy 的基本功能：

- MailProxy 和客户系统对接；
- 通过对 Mail Server 系统的调度完成自动邮件代发；
- 反馈发送结果给客户系统（含 Log 日志等）；
- 还提供灵活的规则设置等功能。

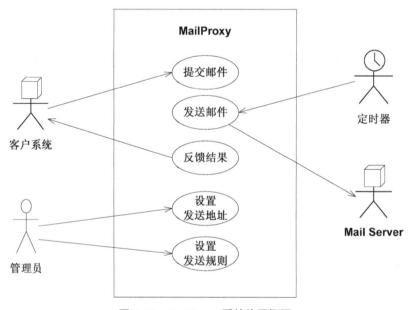

图 3-10　MailProxy 系统的用例图

"训练"目标：

- 运用本章所讲的"逻辑视图+物理视图"技能。

- 辅以分而治之、迭代式设计两个技巧：

  - **【分而治之】**。逻辑架构进行"逻辑分解"，物理架构进行"物理分解"，它们分别关注架构的不同方面，利于思维聚焦（相当于化"大问题"为"子问题"）。

  - **【迭代式设计】**。不同架构视图的设计交替进行、迭代展开。逻辑职责的划分逐步清晰，促进了物理分布设计；反之亦然（死抠"未知"抠不出来，就利用当前"已知"探索更多"未知"，循环着来嘛）。

3.4.3　逻辑架构设计（迭代 1）

……深入研究需求之后，发现 MailProxy 系统的一个显著特点：不仅要和"人"交互，更要和多种"外部系统"交互。

因此，设计逻辑架构时，除了包含用户交互层、业务逻辑层、数据访问层之外，一定应包含一个"系统交互层"（如图 3-11 所示）。

图 3-11　着手设计逻辑架构：分层

3.4.4　物理架构设计（迭代 1）

多视图≠多阶段，不应瀑布式地设计每个视图，而是应该迭代式设计。而且，对大型系统而言，先把逻辑架构详尽地设计完再开始物理架构的设计，有很大的问题：

- 一是比较困难。毕竟，逻辑架构、物理架构是同一系统的不同方面；如果系统比较复杂，在对一个方面的设计毫无所知的情况下，过于深入设计的另一方面太过盲目了。

- 二是不利于提高设计质量。而逻辑架构、物理架构交替进行，本身就是不断相互验证、促进设计优化的过程。

应该早些开始物理架构视图的设计。现在，着手设计 MailProxy 的物理分布，如图 3-12 所示。

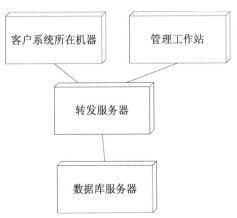

图 3-12　着手设计物理架构：基本的物理分布

35

3.4.5 逻辑架构设计（迭代2）

原先接手 MailProxy 时，对它相当陌生。

设计逻辑架构时，确立了基本分层结构之后就感觉后续设计"展不开"、"细不下去"。

现在，有了初步的逻辑分层、还有基本的物理分布设计，转回头来再继续逻辑架构设计试试。……嗯，根据物理架构的提示，逻辑层"系统交互层"中应该有"Mail Server 交互"模块吧，它封装和具体 Mail Server 的交互。……嗯，"用户交互层"应当有"设置地址"、"设置规则"等 UI 模块。

逐步细化逻辑架构的设计，得到图 3-13 所示的逻辑架构。

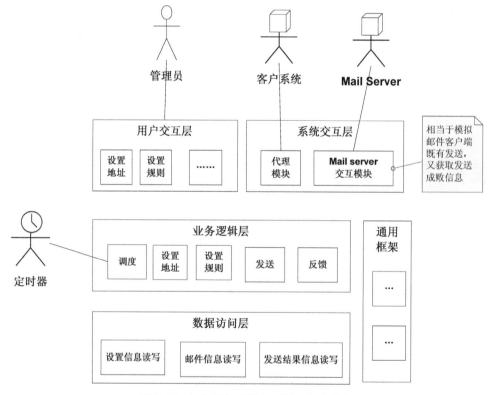

图 3-13   细化逻辑架构的设计：模块划分

好多逻辑模块呀，把它们划归 3 个工程（Project），这就意味着 MailProxy 发布时将包含 3 个目标程序单元（图 3-14 描述了 3 个目标程序单元的关系）：

- 后台服务器程序。
- 管理员 Web 应用。
- 代理模块（相当于 MailProxy 系统专门发布给合作开发单位的 API。这样，客户系统只需改动最少的代码就可以与 MailProxy 互联互通。运行时，客户系统必须包含代理模块的相应 Library 文件。)

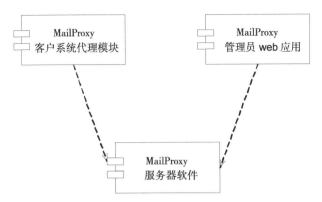

图 3-14　细化逻辑架构的设计：明确 MailProxy 包含的程序单元

3.4.6　物理架构设计（迭代 2）

继续迭代设计。

上面的逻辑架构设计逐步清晰、不同模块不断明确、相应的目标程序组件也都清楚了，使你能进一步设计物理架构了。如图 3-15 所示，软件单元和硬件机器的映射关系进一步明确了，这就为未来的安装部署方式提供了指导。

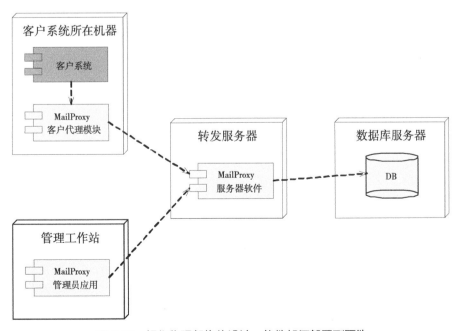

图 3-15　细化物理架构的设计：软件如何部署到硬件

嘿，多个视图之间来回迭代着进行设计，思路清晰、效果不错。

第 2 部分

实践过程篇

第4章
架构设计过程

作为职业软件人，我们都寻求使用一种有效而经济的过程，来建造一个能够工作的、有用的产品。

——Grady Booch，Rational 公司首席科学家

每个项目都是很独特的，因此开发人员必须努力保持微观过程的非正式性和宏观过程的正式性之间的平衡。

——Grady Booch，《面向对象分析与设计》

程序员向架构师转型，难在何处？难在必须要能开始"试着做起来"，并慢慢积累感觉，进而积累经验。

"需求决定架构"之所以是一句废话，就是因为它没告诉开发人员"架构设计怎么做"。

甚至，在没有积累任何经验和"感觉"的情况下，忽然被老板"委以重任"负责架构设计，都未必是一件好事。因为这次失败了，下次机会就没了。

本章通过下述方式，讲清楚架构设计过程的大局，希望帮助程序员能将架构设计"试着做起来"：

- 架构设计过程包含哪些步骤？
- 步骤之间什么关系？下游步骤的"输入"依赖的是上游步骤的哪个"输出"？

4.1　架构设计的实践脉络

4.1.1　洞察节奏：3 个原则

成功的架构设计是相似的，失败的架构设计各有各的原因。如下 3 个原则也可以被视为做好架构设计的 3 个必要条件：

- 【原则 1】看透需求
- 【原则 2】架构大方向正确
- 【原则 3】设计好架构的各个方面

这 3 个原则，基本框定了整个架构设计过程的节奏。也就是说（如图 4-1 所示）：

- 最先，要看透需求，这是基础。架构师可能不是"需求"和"领域模型"的负责人，但也必须深入了解。
- 中间，确定正确的概念架构。"关键需求"决定"概念架构"。
- 最后，充分设计架构的各个方面。通过多视图方法"细化架构"，通过"架构原型"验证架构。

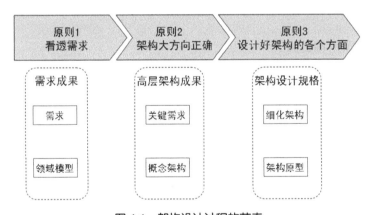

图 4-1　架构设计过程的节奏

【原则 1】看透需求

架构设计可谓影响深远：一是它决定了系统的整体质量进而决定了客户的满意度，二是它决定了开发人员开发、维护和扩展程序的容易程度。

看透需求，简单说就是设计人员要做到"理解了、能说出所以然来"。必须的！众所周知。

看透需求，不仅要把需求找全，还要把需求项之间的矛盾关系、追溯关系也都搞清楚：

- 需求要全。
    - ——举例：重视"功能"忽视"质量"，危险；重视"A 质量"忽视应有的"B 质量"，危险；忘了来自甲方乙方第三方的"约束"，危险。功能需求、质量需求、约束需求都要定义清楚。

——处理：发现需求遗漏，就要尽快把遗漏的需求研究清楚。

- 矛盾关系。

——举例：安全性和互操作性有矛盾，可扩展性和性能有矛盾，功能强大和预算有限有矛盾……

——处理：识别出需求间的矛盾还没完，要给对策（例如性能最重要、可扩展性折衷，或者相反首先照顾可扩展性）、甚至重新评审需求的合理性。

- 追溯关系。

——举例："需求范围"合理吗？要向前追溯"系统目标"。符合目标要求、能帮助实现目标，才合理。

——举例："用例图"或者"功能项定义"，是否覆盖了更高层需求之"需求范围"。

——处理：下层需求没有覆盖上层需求，必有需求遗漏。下层需求超出了上层需求，恐怕存在需求镀金现象。

——说明：一个成功的软件系统，对客户高层而言能够帮助他们达到业务目标，这些目标就是客户高层眼中的需求；对实际使用系统的最终用户而言，系统提供的能力能够辅助他们完成日常工作，这些能力就是最终用户眼中的需求；对开发者而言，有着更多用户没有觉察到的"需求"要实现……需求是分层次的。

【原则 2】架构大方向正确

架构大方向正确是一种策略，先设计概念架构。

一个产品与类似产品在架构上的不同，其实在概念架构设计时就大局已定了。

它不关注明确的接口定义（之后的细化架构设计才是"模块 + 接口"一级的设计），对大型系统而言，这一点恰恰是必需的。概念架构一级的设计更重视"找对路子"，像架构模式啦、集成技术选型啦……比较策略化。

【原则 3】设计好架构的各个方面

架构师必须具备"忘却"的能力，避免涉及太多具体的技术细节，但是大型软件架构依然是复杂的。这就要求从多个方面进行架构设计，运用"多视图设计方法"：

- 例如，为了满足性能、持续可用性等方面的需求，架构师必须深入研究软件系统运行期间的情况，权衡轻重缓急，并制定相应的并行、分时、排队、缓存和批处理等设计决策。（运行架构视图）

- 而要满足可扩展性、可重用性等方面的需求，则要求架构师深入研究软件系统开发期间的代码文件组织、变化隔离和框架使用等情况，制定相应的设计决策。（开发架构视图）

- ……本书推荐 5 视图方法：逻辑视图、开发视图、物理视图、运行视图、数据视图。

实际经验表明，越是复杂的系统，越需要从多个方面进行架构设计，这样才能把问题研究和表达清楚。Grady Booch 在其著作《UML 用户指南》中指出："如果选择视图的工作没有做好，或者以牺牲其他视图为代价只注重一个视图，就会冒掩盖问题以及延误解决问题（这里的问题是指那些最终会导致失败的问题）的风险。"

【强调】培训中发现的问题（关于原则 2）

笔者在和企业的深入接触中发现，项目经理、架构师和总工等角色"最深有感慨"的就是"架构大方向正确"原则，但很多程序开发人员对此则"感触不深"。在此，希望程序开发人员稍微留意，概念架构是直指系统设计目标的设计思想和重大选择——是关乎任何复杂系统成败的最关键的、指向性的设计：

- 你作为架构师，设计大中型系统的架构时，会先对比分析几种可能的概念架构。
- 看看竞争对手的产品彩页，上面印的架构图，还是概念架构。
- 如果你是售前，你又提到架构，这也是概念架构。
- 如果你去投标，你讲的架构，就是概念架构。

架构新手和有经验架构师的区别之一，在于是否懂得、并能有效地进行概念架构的设计。作为架构新手，尤其害怕碰上自己没做过的系统；系统较大时，一旦祭出"架构 = 模块 + 接口"的法宝却不太奏效，架构新手就往往乱了阵脚。相反，有经验的架构师不会一上来就关注如何定义"接口"，他们在大型系统架构设计的早期比较注重识别 1）重大需求、2）特色需求、3）高风险需求，据此来决定如何划分顶级子系统、采用什么架构风格和开发技术、集成是否要支持、二次开发是否要支持。

4.1.2 掌握过程：6 个步骤

洞察了架构设计过程的节奏，再看步骤。整个架构设计过程，包含 6 大步骤（如图 4-2 所示）：

（1）需求分析

（2）领域建模

（3）确定关键需求

（4）概念架构设计

（5）细化架构设计

（6）架构验证

至此，6 步骤之间的关系也就不难理解了，如图 4-3 所示。

可以看出，架构设计的开展非常依赖其上游活动。总体而言，这些上游活动包括需求分析和领域建模。

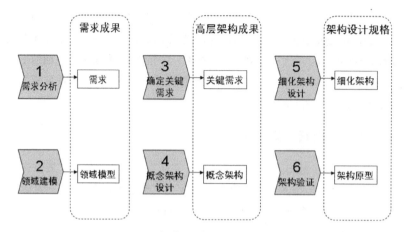

图 4-2　架构设计过程的 6 个步骤

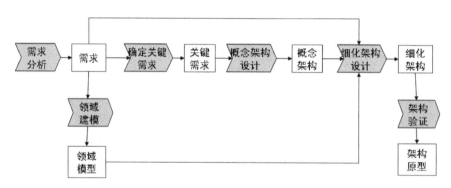

图 4-3　6 个步骤之间的关系

需求分析。毋庸置疑，在没有全面认识需求并权衡不同需求之间相互影响的情况下，设计出的架构很可能有问题。

领域建模。领域建模的目的是：透过问题领域的重重现象，捕捉其背后最为稳固的领域概念，以及这些概念之间的关系。在项目前期，所建立的领域模型将为所有团队成员之间、团队成员和客户之间的交流提供共同认可的语言核心。随着项目的进展，领域模型不断被精化，最终成为整个软件的问题领域层，该层决定了软件系统能力的范围。本书还认为，从项目前期伊始，软件架构师就应该是领域建模活动的领导者，这样可以避免"不同阶段领域模型由不同人负责"所带来的问题。

接下来要进行概念架构的设计。软件系统的规模越大、复杂程度越高，进行概念架构设计的好处就越明显。

确定对架构关键的需求。这不仅要求对功能需求（如用例）进行筛选，还要对非功能需求进行综合权衡，最终确定对软件架构起关键作用的需求子集。

概念架构设计。概念架构的设计，必须同时重视关键功能和关键质量。业界流行的一种错误观点是"概念架构=理想化架构"，不考虑任何非功能需求，也不考虑任何具体技术。本书提出，概念架构要明确给出"1 个决定 4 个选型",即决定:1)如何划分顶级子系统;2)架构风格选型;3)开发技术选型;4)集成技术选型;5)二次开发技术选型。可以看出,其中涉及多项重大技术选型。

在接下来,全面展开规格级的架构设计工作,设计出能实际指导团队并行开发的细化架构。

细化架构设计。一般而言,可以分别从逻辑架构、开发架构、运行架构、物理架构、数据架构等不同架构视图进行设计。

架构验证。对后续工作产生重大影响返工代价很高的任何工作都应该进行验证,软件需求如此,架构设计方案也是如此。至于验证架构的手段,对软件项目而言,往往需要开发出架构原型,并对原型进行测试和评审来达到;而对软件产品而言,可以开发一个框架(Framework)来贯彻架构设计方案,再通过在框架之上开发特定的垂直原型来验证特定的功能或质量属性。因此,从架构验证工作得到的不应该仅仅是"软件架构是否有效"的回答,还必须有可实际运行的程序:体现软件架构的垂直抛弃原型或垂直演进原型,或者是更利于重用的框架。这些成果为后续的开发提供了实在的支持。

在通过后续各章展开讨论这些工作步骤之前,通过"速查手册"的形式,再总体归纳一下每个工作步骤的主要输入、输出、关键技能项。

4.2 架构设计的速查手册

下面对架构设计的每个步骤,进行总括描述,供读者在"付诸实践"时参考。

笔者建议,在系统地学习了第 5~15 章之后,请复习本节。本节所采用的这种形式,也是笔者在架构培训的"总结回顾"环节所经常采用的。效果不错!

4.2.1 需求分析

需求分析,是很多活动的统称,它是本书"架构设计过程"中第 1 个大的工作步骤。如图 4-4 所示。

需求分析活动输出的"需求",必须涵盖功能、质量、约束这三个方面,这些是后续设计活动所需要的。需求分析工作涉及的"技能项"较多,总体而言可总结为"两纵三横",如图 4-5 所示:

- **【一纵】**需求沟通。持续伴随需求分析过程的,是需求沟通、需求启发、需求验证等活动,这些活动都要求需方和开发方紧密协同、精诚合作。"闭门造需"危险大了。
- **【二纵】**非功能需求的确定。真实的实践中,确定非功能需求是一个持续的过程,是持久战。究其原因,这是非功能需求的范围广造成的,无论是技术还是业务、无论是甲方还是乙方,都可能有这样那样的非功能需求。想"一蹴而就"地定义非功能需求是不现实的。

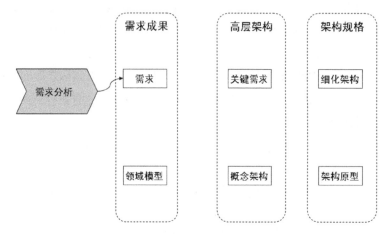

图 4-4　需求分析的"位置"

- **【三横】**需求分析主线。从确定系统目标开始，后续凭借"范围+Feature+上下文图"三剑客研究高层需求，再后续建立开发人员较熟悉的用例模型。

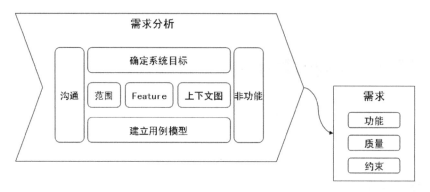

图 4-5　需求分析的"技能项"和"输出"

做不到"追根溯源"的需求分析，往往会失败。因此，我们补充图 4-6 来强调需求分析工作的主线是"确定系统目标→研究高层需求→建立用例模型"，需求从"高飘"到"落地"，成果项从"目标列表"到"范围框图 + Feature 树 + 上下文图"到"用例图 + 用例规约"，需求跟踪脉络清晰可辨。

更多内容，请阅读本书讲需求分析的章：第 5 章，需求分析；第 6 章，用例与需求。

4.2.2　领域建模

领域建模，是以提炼领域概念，建立领域模型为目的的活动。领域建模实践的精髓是"业务决定功能，功能决定模型"，理解了这个理念，评审领域模型也变得再自然不过了。如图 4-7 所示。

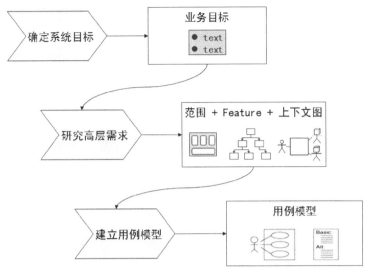

图 4-6 需求分析的主线体现"追根溯源"

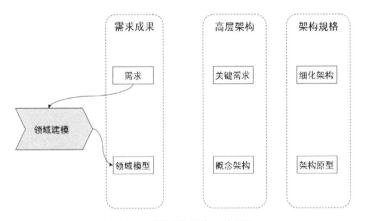

图 4-7 领域建模的"位置"

领域建模活动的输入：一是"功能"，二是"可扩展性"具体要求（如图 4-8 所示）。说到底，都是"功能"，因为领域模型必须能支持在《软件需求规格说明书》中规定的"现在的功能"，还应该支持随着业务发展而出现的"未来的功能"。这两种功能，就是驱动领域建模的因素，以及评审领域模型的依据。

更多内容，请阅读本书讲领域建模的章：第 7 章，领域建模。

4.2.3 确定关键需求

架构面前所有需求一律平等？不可能。

关键需求决定了架构的大方向。图 4-9 显示了确定关键需求工作的位置。

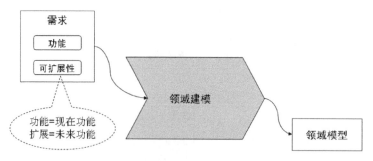

图 4-8　领域建模的"输入"和"输出"

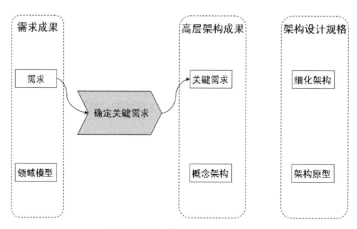

图 4-9　确定关键需求的"位置"

具体而言，为了确定"关键功能"，一要关注"功能需求"，二要研究"约束需求"；为了确定"关键质量"，一要关注"质量需求"，二要研究"约束需求"。如图 4-10 所示。

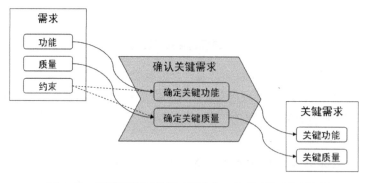

图 4-10　确定关键需求的"输入"、"技能项"和"输出"

大系统架构与小系统架构的设计为什么不同？你的系统架构与别人的系统架构设计为什么不同？……探究架构设计的整个过程，"关键需求的确定"这一步是"分水岭"。

更多内容，请阅读本书讲确定关键需求的章：第 8 章，确定关键需求。

4.2.4　概念架构设计

概念架构是高层架构成果的核心，框定了架构大方向，是甲方规划、乙方投标的评定关键。如图 4-11 所示。

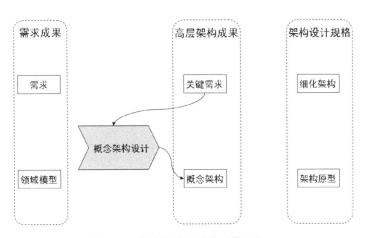

图 4-11　概念架构设计的"位置"

本书给出的定义，所谓概念架构，是直指系统目标的设计思想、重大选择。"直指目标"说的是输入，"设计思想和重大选择"说的是输出。如图 4-12 所示。

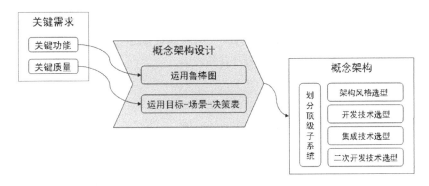

图 4-12　概念架构设计的"输入"、"技能项"和"输出"

- 概念架构设计要"直指"的、以之为输入的，就是"关键需求"。
- 针对不同需求（功能或者质量），需要运用不同"技能项"，鲁棒图建模、目标-场景-决策表，非常实用。
- 概念架构设计的"输出"是"1 个决定、4 个选择"：

  1）决定如何划分顶级子系统；

  2）架构风格选型；

  3）开发技术选型；

4）二次开发技术选型；

5）集成技术选型。

更多内容，请阅读本书讲概念架构设计的章：第9章，概念架构设计。

4.2.5 细化架构设计

细化架构和概念架构的关键区别之一是：概念架构没有设计到"模块 + 接口"一级，而细化架构必须关注"模块 + 接口"。图 4-13 所示为细化架构设计的"位置"。

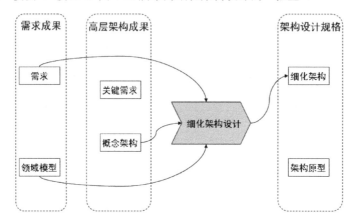

图 4-13 细化架构设计的"位置"

众所周知，架构设计涉及的方面很广（模块切分、持久化格式、并行并发等都得管），架构设计师得是通才（要掌握的技能项较多）。对此，细化架构设计这一步体现得最充分，图 4-14 列出了细化架构设计的 5 个设计视图、15 个设计任务。

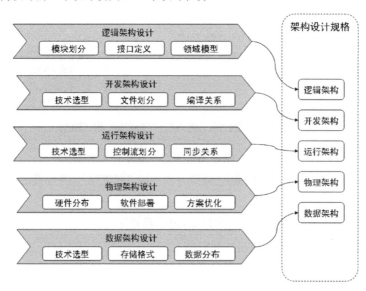

题 4-14 细化架构设计的"技能项"——15 个设计任务

再关注上游对细化架构设计的影响、支持。细化架构设计的输入既来自"需求成果"层面、也来自"高层架构"层面，如图 4-15 所示。

- 细化架构要为"需求"而设计。关键对比：概念架构设计的输入是"关键需求"、而不是泛泛的所有"需求"。
- 细化架构要在"概念架构"的设计思想下进行。
- "领域模型"，一方面影响着"逻辑架构视图"的"领域模型设计"，另一方面影响着"数据架构视图"的"存储格式设计"。

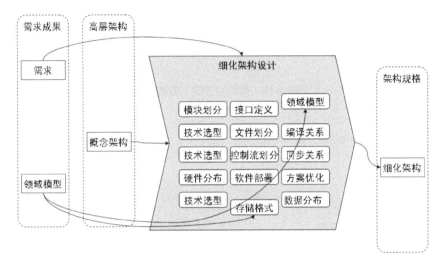

图 4-15　细化架构设计的"输入"和"输出"

更多内容，请阅读本书讲细化架构设计的章：

- 第 10 章，细化架构设计。
- 第 12 章，粗粒度"功能模块"划分。
- 第 13 章，如何分层。
- 第 14 章，用例驱动的模块划分过程。
- 第 15 章，模块划分的 4 步骤方法——运用层、模块、功能模块、用例驱动。

4.2.6　架构验证

如有必要，需要进行架构验证。如图 4-16 所示。

架构验证的输出成果是"架构原型"。和一般的开发不同，架构原型的开发不是要完美地、无 Bug 地实现功能，而是在"细化架构"的总体指导下，仅把存在"风险"的那些设计尽早开发出来，然后通过执行测试等手段判断"风险"是否解决，如图 4-17 所示。

更多内容，请阅读本书讲架构验证的章：第 11 章，架构验证。

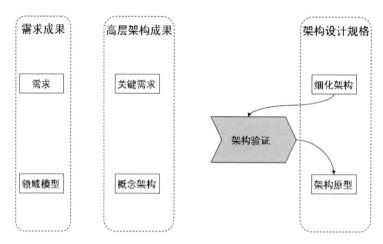

图 4-16　架构验证的"位置"

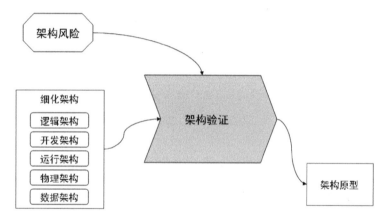

图 4-17　架构验证的"输入"和"输出"

第5章
需求分析

对于需求分析员而言，真正的专业主义是基于业务利益（解决问题、创造机会、提高管控力等）的沟通。

——徐锋，《软件需求最佳实践》

当前业界，大多数架构师都认同"需求决定架构"，但对需求"如何决定"架构还知之不深。……不同需求影响架构的不同原理，才是架构设计思维的基础。

——温昱，《一线架构师实践指南》

一个程序员，在向架构师转型的道路上，一定"绕"不过软件需求的问题。

本章立足软件开发人员的视角，逐次讨论：

- 需求怎么来的？（需求开发=愿景分析+需求分析）
- 如何判断掌握的需求全不全？（功能、质量、约束三类需求都不能漏）
- 从需求向设计转化的关键思维是什么？（功能、质量、约束影响架构的不同原理是核心）

5.1 需求开发（上）——愿景分析

我们从"整体过程"入手，然后聚焦讨论"愿景"和"愿景分析"。

5.1.1 从概念化阶段说起

图 5-1 所示为软件研发与交付过程总图，包含概念化阶段、需求分析阶段、架构设计阶段、并行开发与测试阶段、验收与交付阶段，共 5 个阶段。

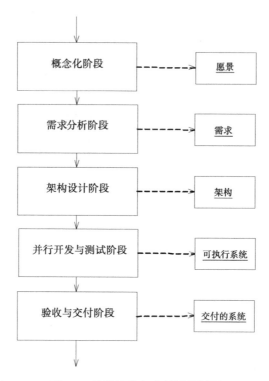

图 5-1 软件研发与交付过程总图

随着研发类型的不同（项目、产品、或解决方案），概念化阶段包含的工作重点有所不同，但主要内容都包括：

- 愿景分析。
- 风险评估。
- 可行性分析。
- 项目进度和成本的粗略预估。

下面聚焦讨论"愿景"。

5.1.2 愿景

愿景分析，要解决项目、产品或解决方案的起源问题。所谓明确愿景，就是针对系统目标、主要特性、功能范围和成功要素等进行构思并达成一致。

对定制开发的软件项目来说，愿景分析可由需方或者软件供应商来组织，一般建议由需方高层领导牵头，愿景分析过程中需方人员也必须全程积极参与。而对产品型的软件公司来说，往往是产品管理部门根据市场部门的要求，进行愿景分析、定义产品所要提供的业务功能。无论上述哪种情况，愿景分析都应阐明业务需求、描述需求产生的背景和理由等。

愿景分析最重要的工作成果是《愿景与范围文档》。记得有一位大师，当被问及"如果软件开发中只能有一份文档，应当是哪一份"时，他毫不犹豫地回答说是《愿景文档》。由此可见《愿景与范围文档》的重要性。

典型的《愿景与范围文档》包括下列内容：

1. 业务需求

   a) 背景

   b) 业务机遇

   c) 业务目标

   d) 客户或市场需求

   e) 提供给客户的价值

   f) 业务风险

2. 项目愿景的解决方案

   a) 项目愿景陈述

   b) 主要特征

   c) 假设和依赖环境

3. 范围和局限性

   a) 首次发布的范围

   b) 随后发布的范围

   c) 局限性和专用性

4. 业务环境

   a) 客户概貌

   b) 项目的优先级

5. 产品成功的因素

在此有必要指出，你可能在不同类型的软件企业工作（例如项目型公司、产品型公司、外包型公司、服务型公司等），于是，由于偏重内容有所不同，你所在的企业对《愿景与范围文档》其实有着不同的叫法。例如：

- 有的产品型公司，称为《市场需求文档》（Market Requirements Document，MRD）；

- 有的产品型公司，称为《产品需求文档》（Product Requirements Document，PRD）；
- 有的以做项目为主的公司，称为《项目立项书》。

5.1.3 上下文图

在《愿景与范围文档》中，上下文图（Context Diagram）扮演着重要角色。

上下文图是一种"辅助说明"需求范围（Scope）的方式，它清晰地描述了待开发系统与周围所有事物之间的界限与联系。上下文图可以由市场部门绘制（画法相对随意例如利用 PowerPoint），也可以由架构师来绘制（推荐 UML 用例图的顶级视图）。

下面我们举例，看到实际的上下文图，能让我们更"实在"地理解什么是一个系统的愿景。

【案例 1】银行"综合前置系统"的上下文图

例如，你所在的银行开发中心，要研制综合前置系统。

图 5-2 展示了银行综合前置系统的上下文图，从一个方面"描绘"了愿景。首先，我们看到要研发的综合前置系统在上下文图中还是个黑盒子，里面的组成并不清楚，否则就不是上下文图了。其次，我们通过上下文图理清了和综合前置黑盒子有关联的 4 类系统，分别是主机、外挂、第三方、渠道。

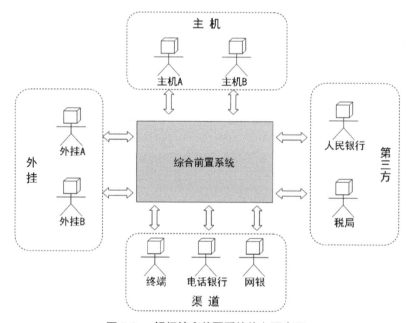

图 5-2　银行综合前置系统的上下文图

【对比 1】总体架构的物理视图（不是上下文图，也不是"综合前置系统"的）

上下文图之所以非常有用，关键在于它以"待研发的系统"为中心。对此，Kossiakoff 有如此论述：

> 待研发系统位于上下文图的中心，所有和待研发系统有关联关系的系统、环境和活动围绕在它的周围。但是，上下文图不提供系统内部结构的任何信息。上下文图的目的是通过明确系统相关的外部因素和事件，促进更完整地识别系统需求和约束（pictures the system at the center, with no details of its interior structure, surrounded by all its interacting systems, environment and activities. The objective of a system context diagram is to focus attention on external factors and events that should be considered in developing a complete set of system requirements and constraints）。

本书将上下文图的要点归纳为两点：

- **内容原则**。关注本系统，以及和本系统有关联的因素，但不关注本系统内部——既不关注内部功能，也不关注内部结构。
- **形式原则**。明确标识出要研发的是什么系统，保持它为黑盒，将它画在上下文图的中央位置，其他相关因素环绕周围。

回顾图 5-2，它就是以"综合前置系统"为中心的上下文图，满足上述"内容原则"和"形式原则"。

对比图 5-3：

- **内容**。该图是整个"银行核心系统"，而不是"综合前置"。"综合前置"只是整个"银行核心系统"的一部分。
- **形式**。该图不是以"中心+四周"形式组织的。
- **结论**。该图不是"综合前置系统"的上下文图，而是银行核心系统的总体架构图（物理视图）。

【对比 2】银行"综合前置系统"的架构图（不是上下文图）

作为对比，再看图 5-4，它是综合前置系统的架构图（属于设计），而不是上下文图（说明需求范围）。图中表达的架构级设计决策包含：

- 首先，中心前置业务平台和分行前置业务平台，是综合前置的核心，分别部署在总行数据中心和每家分行的运行中心。
- 为了支持网上银行，综合前置中包含网银接入平台，在总行一级部署、连接到中心前置业务平台。
- 和网上银行的"由总行一级统一支持"方式不同，综合前置为了支持电话银行而包含了电话接入前置平台，在每家分行一级部署、连接到分行前置业务平台。
- ……综合前置还包括核心系统的连接、自助设备接入、RA 前置机等设计。
- 综合前置与人民银行系统互联、还与代理商户互联，具体设计策略有何不同吗？

> ➤ 综合前置的分行前置业务平台，负责和当地人民银行，以及当地代理商户互联；
> ➤ 如果不是当地代理商户、而是中心级代理商户，应直接和综合前置的中心前置业务平台互联；
> ➤ 人民银行总中心，直接和综合前置的中心前置业务平台互联。

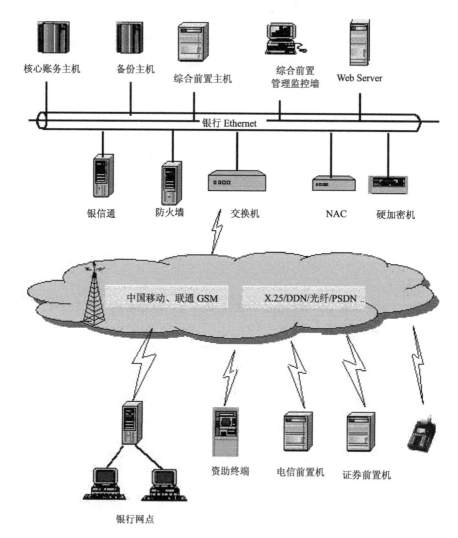

图 5-3 银行核心系统的总体架构图（物理视图）
（图片来源：http://www.cbinews.com/solution/news/2187.html）

【案例2】对讲机软件：上下文图 vs.用例图

再例如，你是一个嵌入式软件架构师，你要负责的是对讲机内的软件。

图 5-5 分别展示了对讲机的上下文图，以及用例图（用于对比）。图中的上下文图采用了

"用例图风格"来画，现在用例技术很流行所以笔者推荐这种画法，但注意它并不等同于"用例图"。区别的关键是，用例图刻画了"对讲机"提供的各种功能，而"用例图风格"的上下文图没有刻画功能。正如笔者前文所述的上下文图"内容原则"：上下文图"不关注本系统内部——既不关注内部功能，也不关注内部结构"。

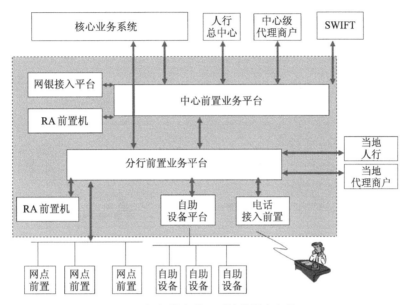

图 5-4　银行综合前置系统的基本架构图

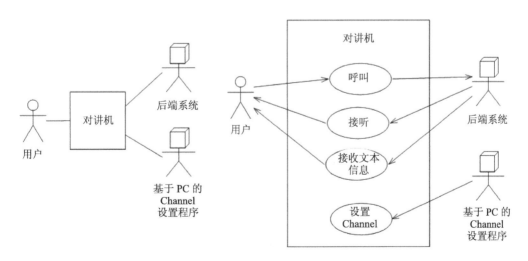

图 5-5　对讲机：上下文图 vs. 用例图

　　总之，上下文图可以明确：1）哪个系统是待研发的软件系统；2）哪些方面在软件系统之外；3）谁使用该系统；4）此软件系统需要和哪些相关软件系统进行交互。

5.1.4 愿景分析实践要领

愿景分析，换个角度讲就是我们常说的需求调研（愿景分析的说法重目标，需求调研的说法重活动）。为了便于掌握实践要领，本书推荐这样一个务实的公式，如图 5-6 所示：

 愿景 = 业务目标 + 范围 + Feature + 上下文图

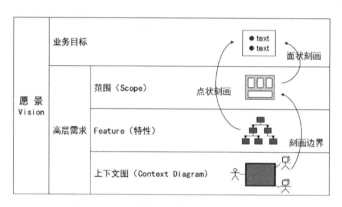

图 5-6　愿景 = 业务目标 + 范围 + Feature + 上下文图

范围（Scope）、Feature、上下文图是刻画高层需求的"三剑客"，常用，好用！图 5-7 再次描述了这三种技术的定位，以及它们和系统业务目标的关系。

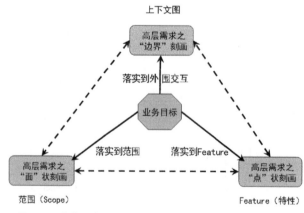

图 5-7　业务目标、范围、Feature、上下文图的关系

5.2　需求开发（下）——需求分析

什么是软件需求？简单地说，软件需求就是"这个软件到底要为用户做什么"。

IEEE 的软件工程标准术语表将需求定义为：

1.　用户所需的解决某个问题或达到某个目标所要具备的条件或能力。
2.　系统或系统组件为符合合同、标准、规范或其他正式文档而必须满足的条件或必须具备的能力。
3.　上述第一项或第二项中定义的条件和能力的文档表述。

而 RUP 是这样定义需求的：

需求描述了系统必须满足的情况或提供的能力，它就可以是直接来自客户需要，也可以来自合同、标准、规范或其他有正规约束力的文档（A requirement describes a condition or either derived directly from user needs, or stated in a contract, standard, specification, or other formally imposed document.）。

架构师必须懂需求吗？是的。

架构师岗位本身，并不负责需求分析，但对需求分析的工作过程一定要了解。

5.2.1　需求捕获 vs.需求分析 vs.系统分析

从软件过程全局看，需求分析是一个承上启下的阶段——"上承"愿景，"下接"设计。上游，进行愿景分析、研究可行性、输出《愿景与范围文档》，需求分析要进一步完善和细化软件需求。后续，要进行的设计活动，以需求分析活动定义的功能需求、质量属性需求以及约束性需求等为基本参考。

我们经常说的"需求分析"工作、经常被称为的"需求分析员"岗位，其背后其实涉及的活动包含：

- 需求捕获。
- 需求分析。
- 系统分析。

需求捕获是获取知识的过程，知识从无到有、从少到多。需求采集者必须理解用户所从事的工作，并且了解用户和客户希望软件系统在哪些方面帮助他们。

需求分析是挖掘和整理知识的过程，它在已掌握知识的基础上进行。毕竟，初步捕获到的需求信息往往处于不同层次，也有一些主观甚至不正确的信息。而经过必要的需求分析工作之后，需求会更加系统、更加有条理、更加全面。

那么系统分析呢？如果说，需求分析致力于搞清楚软件系统要"做什么"的话，那么系统分析已经开始涉及"怎么做"的问题了。《系统分析》一书中写道：

简单地说，系统分析的意义如下："系统分析是针对系统所要面临的问题，搜集相关的资料，以了解产生问题的原因所在，进而提出解决问题的方法与可行的逻辑方案，以满足系统的需求，实现预定的目标。"

【实际问题 1】将需求捕获和需求分析视为两个阶段，这是错误的

需求捕获、需求分析以及系统分析是相互伴随、交叉进行的（如图 5-8 所示）：

· 需求工作伊始，更多进行需求捕获，需求分析工作偏少；

· 随着掌握的需求信息越来越多，对需求的分析才可能越来越多；

· 世界不是"问题—解决方案"这么简单的模型，是"问题—解决方案—衍生问题—解决方案—……"才现实——上一级的解决方案对下一级就意味着"待解决的问题"。于是，需求分析连带出更多系统分析的工作非常正常。

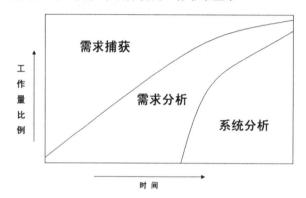

图 5-8 需求捕获、需求分析与系统分析

将需求捕获和需求分析视为两个阶段，这是错误的。例如，图 5-9 来自某企业的《需求开发过程》规范，就将"获取需求"和"分析需求"定义成了两个阶段。这种"捕获得到全部需求，之后再集中进行分析"的做法不务实、效果差、容易引起大量需求变更。

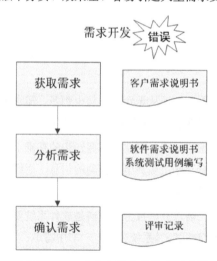

图 5-9 错误的需求开发过程（来自某企业的《需求开发过程》规范）

【实际问题 2】需求分析与系统分析混淆

实践中，需求分析和系统分析常被混淆。一位技术经理，就不无困惑地问过我："我们公司的需求分析员提交的《系统需求文档》里面有一节叫'系统分析'，但内容都是系统设计的，好像明显在和我这个架构师'争功'，真不知该怎么办？"

为了不再混淆这两者，应明确：

· 需求分析，是搞清楚系统"做什么"。

· 系统分析，关注系统"怎么做"。更直白地说，系统分析 ≈ 初步的高层设计。

· 很多开发者对 OOA 心存困惑。其实，OOA 是一种"系统分析"技能，对很多"需求分析"内容并不涵盖。认为掌握了 OOA 就能做需求分析了，结果会"死得很难看"。

对此，邵维忠教授和杨芙清院士在《面向对象的系统设计》中有过精彩论述：

用"做什么"和"怎么做"来区分分析与设计，是从结构化方法沿袭过来的一种观点。但即使在结构化方法中这种说法也很勉强……

在"做什么"和"怎么做"的问题上为什么会出现上述矛盾？究其根源，在于人们对软件工程中"分析"这个术语的含义有着不同的理解——有时把它作为需求分析（Requirements Analysis）的简称，有时是指系统分析（Systems Analysis），有时则作为需求分析和系统分析的总称。

需求分析是软件工程学中的经典的术语之一，名副其实的含义应是对用户需求进行分析，旨在产生一份明确、规范的需求定义。从这个意义上讲，"分析是解决做什么而不是解决怎么做的问题"是无可挑剔的。

但迄今为止人们所提出的各种分析方法（包括结构化分析和面向对象分析）中，真正属于需求分析的内容所占的分量并不太大；更多的内容是给出一种系统建模方法（包括一种表示法和相应的建模过程指导），告诉分析员如何建立一个能够满足（由需求定义所描述的）用户需求的系统模型。分析员大量的工作是对系统的应用领域进行调查和研究并抽象地表示这个系统。确切地讲，这些工作应该叫做系统分析，而不是需求分析。它既是对"做什么"问题的进一步明确，也在相当程度上涉及"怎么做"的问题。

忽略分析、需求分析和系统分析这些术语的不同含义，并在讨论中将它们随意替换，是造成上述矛盾的根源。

5.2.2　需求捕获及成果

典型的需求捕获的工作成果是一摞"需求采集卡"（如表 5-1 所示），其中记录了需求类型、需求描述、需求背景、需求提出者和需求记录者等对进一步的需求分析非常有用的信息。

表 5-1 需求采集卡

需求采集卡					
项　　目		时　　间		地　　点	
需求类型		需求编号		用户关注度	
描述					
背景或原因					
相关材料					
提出者/受访者			记录者/采访者		

5.2.3 需求分析及成果

用例技术要登场了。

通过需求采集活动，我们捕获到了大量"原始需求"，而需求分析则对采集到的原始需求进行分析、整理、辨别和归纳，最终形成系统的、明确的软件需求。

需求分析应交付一份明确的、规范的需求定义——《软件需求规格说明书》（Software Requirements Specification，SRS）。《SRS》精确地阐述了一个软件系统必须提供的功能、必须达到的质量属性指标，以及它必须遵守的约束。其中，当前最常用的是用例（Use Case）技术，用例图"立足整个系统"刻画系统能为外部用户或系统提供的服务，用例规约"聚焦每个功能"刻画系统应提供的具体行为。因为《SRS》应尽可能完整地描述各种条件下的系统行为，所以重点用例的用例规约要将多种可能的"意外情况"描述出来。

SRS 通常包括如下内容：

1. 前言

a) 目的

b) 范围

c) 定义、缩写词、略语

d) 参考资料

2. 需求概述

a) 用例模型　　　　　//此节，归档"用例图"等

b) 限制与假设

3. 具体需求

a) 用例描述　　　　　//此节，归档"用例规约"等

b) 外部接口需求

i. 用户接口

ii. 硬件接口

iii. 软件接口

续表

```
    iv. 通信接口
  c) 质量属性需求
    i. 性能
    ii. 易用性
    iii.安全性
    iv. 可维护性……
  d) 设计和实现约束
    i. 必须遵循的标准
    ii. 硬件的限制……
```

5.2.4 系统分析及成果

对于不同的系统分析方法，其工作成果差异很大。通过结构化分析方法得到的最重要的工作成果是数据流图，而面向对象的系统分析方法得到的工作成果主要是分析类图、鲁棒图、序列图等——其中分析类图描述设计的静态方面，而鲁棒图和序列图描述设计的动态方面。

5.3 掌握的需求全不全

架构师需要全面了解需求吗？是的。观念是行为的"向导"，有怎样的观念存在，就有怎样的行为方式产生——"观念突破"的意义就在于此。

程序员向架构师转型时，需求列表这种观念需要突破：

- **作为程序员**，"你"经常目睹下面这一切：项目经理打开 Excel 表格，根据"Feature List"分配工作，一个程序员负责实现几项，倍儿清楚。如此种种，使"你"确信需求就是列表（List）。

- **作为从程序员成功转型的架构师**，"你"会关注功能需求、质量、约束等各种需求类别，更不希望因为没有"需求大局观"而造成需求遗漏。这时，需求列表对"你"架构设计工作的支持已经捉襟见肘。

5.3.1 二维需求观与 ADMEMS 矩阵

突破"需求列表"思维，应以"二维需求观"来看待需求（如图 5-10 所示）。

首先，需求是分层次的。本质上，我们是根据"不同层次的涉众提出需求所站的不同立场"，将需求划分为三个层次。其实，为了便于需求跟踪（核心是跟踪需求来源），我们也必然要这么做。

- **组织级需求**。包含客户或出资者要达到的业务目标、预期投资、工期要求，以及要符合哪些标准、对哪些遗留系统进行整合等约束条件。
- **用户级需求**。用户使用系统来辅助完成哪些工作？对质量有何要求？用户群及所处的使用环境方面有何特殊要求？
- **开发级需求**。开发人员需要实现什么？开发期间、维护期间有何质量考虑？开发团队的哪些情况会反过来影响架构？

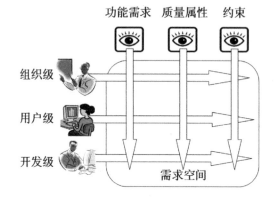

图 5-10　二维需求观

其次，需求还必须从不同方面进行考虑。 实践一再表明，忽视质量属性和约束性需求，常常导致架构设计最终失败。例如，一个网上书店系统：

- "浏览书目"、"下订单"、"跟踪订单状态"以及"为书籍打分"等，属功能需求。
- 系统应当有良好的"互操作性"和"安全性"，这是质量属性需求。
- 系统"必须运行于 Linux 平台之上"，则属于约束性需求之列。

也就是说，从"直接目标还是间接限制"的角度把需求分为三类。

- 功能需求：更多体现各级直接目标要求。
- 质量属性：运行期质量 + 开发期质量。
- 约束需求：业务环境因素 + 使用环境因素 + 构建环境因素 + 技术环境因素。

作为设计人员，经常问的一个问题是：我掌握的需求全不全，有没有遗漏？

《一线架构师实践指南》一书提出的 ADMEMS 矩阵（又称"需求层次-需求方面矩阵"）可以作为需求梳理和需求评审的工具，以一种直观易行的"Checklist 思维"帮助设计人员全面梳理和评价需求，如图 5-11 所示。

5.3.2　功能

功能需求是我们最熟悉的一类需求，它描述系统"应该做什么"。如果采用比较简单的方式，可以在《软件需求规格说明书》中逐个列举每个功能项、进行简要说明，如表 5-2 所示。

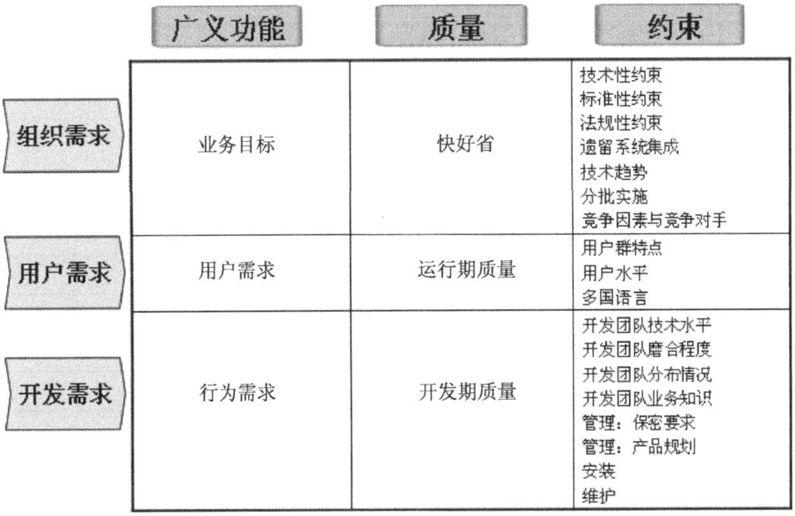

图 5-11 ADMEMS 矩阵（需求层次—需求方面矩阵）

表 5-2 功能描述示例（一卡通系统功能描述的一小部分）

功能名称、编号	功能描述
个人账号维护（1）	
设置个人资料（1.1）	设置个人资料，根据不同类型的用户提供不同的资料信息
修改密码（1.2）	修改本账号的密码
自助挂失（1.3）	挂失本账号当前使用的 IC 卡，账号本身不会冻结
交易记录查询（2）	
查询交易记录（2.1）	显示个人的所有交易记录，提供条件筛选功能
打印交易记录（2.2）	打印个人交易记录，提供按条件筛选记录、自定义打印列、页数等功能

如果采用比较正规的方式，可以在《软件需求规格说明书》中将每项功能的用户类、用户输入或系统外激励、系统动作（本项和前一项相当于用例规约的主事件流）、业务规则、例外及相应处理（本项相当于用例规约的备选事件流）、特殊需求或限定、相关功能、注释和说明等内容进行展开说明，如表 5-3 所示。

表 5-3 功能描述示例（CRM 的修改客户联系人资料功能）

功能编号	ZS1-KHGL-1182		功能名称	修改客户联系人资料			
创建者		最后更改者		版本	1.0	优先级	高
用户类	业务人员、核心客户管理人员						
用户输入或系统外激励				系统动作			
1）用户输入客户号，查询联系人							
				2）显示联系人列表			
3）选取一联系人，修改联系人资料							
				4）保存联系人资料			

续表

业务规则
• 可修改的联系人资料包括：联系人名称、联系人性别、联系人类别、出生日期、地址邮编、电话、手机、传真、电子邮箱、与客户关系、工作单位、工作职务、兴趣爱好、备注 • 联系人类别包括：主联系人、次联系人 • 一个客户只有一个主联系人

例外及相应处理

特殊需求或限定

相关功能	
注释和说明	

5.3.3 质量

下面重点讨论非功能需求中的质量属性需求。

如何给众多质量属性分类，这是一个问题。McCall 等人于 1977 年提出的软件质量属性的分类模型，影响非常广泛。如图 5-12 所示，它将软件的质量属性划分为三大类：产品操作、产品修改、产品改型。

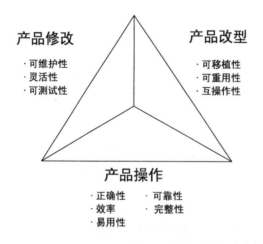

图 5-12　McCall 等人提出的软件质量属性的分类模型

该分类方法相当经典，但似乎缺少了"产品开发"类的质量属性——诸如易理解性、可扩展性和可重用性等。另一方面，我们也发现产品开发、产品修改和产品改型这三类质量属性有重叠（如易理解性和可扩展性对开发和维护都很重要，再如对产品改型很关键的可重用性也同样影响着产品开发）。因此，考虑到被广泛认同的迭代式开发所暗示的增量交付使开发、修改和维护之间的界限不再像以前那么明显，所以本书认为有充分的理由将产品开发、产品修改和产品改型这三类质量属性合并为一类。

本书推荐将软件质量属性划分为运行期质量属性和开发期质量属性两大类（如表 5-4 所示）：

- · 开发期质量属性其实包含了和软件开发、维护和移植这三类活动相关的所有质量属性，可以说这里的"开发"是相当广义的；
- · 开发期质量属性是开发人员、开发管理人员和维护人员都非常关心的，对最终用户而言，这些质量属性只是间接地促进用户需求的满足；
- · 运行期质量属性是软件系统在运行期间，最终用户可以直接感受到的一类属性，这些质量属性直接影响着用户对软件产品的满意度。

表 5-4　推荐的软件质量属性分类方式

运行期质量属性	开发期质量属性
性能（Performance）	易理解性（Understandability）
安全性（Security）	可扩展性（Extensibility）
易用性（Usability）	可重用性（Reusability）
持续可用性（Availability）	可测试性（Testability）
可伸缩性（Scalability）	可维护性（Maintainability）
互操作性（Interoperability）	可移植性（Portability）
可靠性（Reliability）	
鲁棒性（Robustness）	

运行期质量属性需求是一类非常重要的非功能需求，对客户满意度非常关键，下面一一进行说明。

性能（Performance）。性能是指软件系统及时提供相应服务的能力。具体而言，性能包括速度、吞吐量和持续高速性三方面的要求：

- · 吞吐量通过单位时间处理的交易数来度量；
- · 速度往往通过平均响应时间来度量；
- · 而持续高速性是指保持高速处理速度的能力。

持续高速性和实时系统有关，实时系统有"硬实时"和"软实时"之分，其中硬实时系统对每次系统响应时间都有严格要求，如果不能满足要求，后果将是致命的，所以把性能笼统地说成"进行典型操作所需的时间"显然忽视了实时系统性能的内涵。

下面值得说明效率（Efficiency）和性能的关系：它们反映了同一问题的"表"、"里"两面，性能为"表"，效率为"里"，如图 5-13 所示。所谓效率，是指软件系统对各种资源（CPU、内存、硬盘存储、硬盘 IO、网络带宽等）的使用效率。

安全性（Security）。安全性指软件系统同时兼顾向合法用户提供服务，以及阻止非授权使用的能力。高安全性意味着"同时兼顾"，这是因为有些攻击的目的是使软件系统拒绝向合法用户提供服务，而不是非法访问。

易用性（Usability）。不少文献也称之为可用性，但为了避免和持续可用性（Availability）混淆，本书采用非常流行的"易用性"的叫法。指软件系统易于使用的程度。

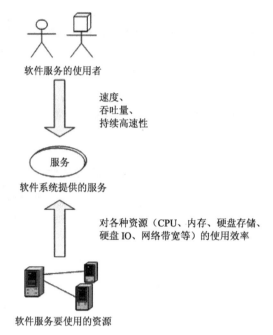

图 5-13　性能和效率的关系

持续可用性（Availability）。不少文献也称之为可用性，但为了避免和易用性（Usability）混淆，本书采用"持续可用性"的叫法。持续可用性指系统长时间无故障运行的能力。

可伸缩性（Scalability）。可伸缩性指当用户数和数据量增加时，软件系统维持高服务质量的能力。例如当业务量较小时，软件系统运行在一台服务器上，当业务量增大时，可以通过增加服务器或增加单台服务器上所运行软件系统的个数来提高性能，而无需对软件系统本身进行编程级的修改。

互操作性（Interoperability）。可操作性指本软件系统与其他系统交换数据和相互调用服务的难易程度。

可靠性（Reliability）。软件系统在一定的时间内无故障运行的能力。

鲁棒性（Robustness）。鲁棒性也称健壮性、容错性。鲁棒性是指软件系统在以下情况下仍能够正常运行的能力：用户进行了非法操作；相连的软硬件系统发生了故障，以及其他非正常情况。

而开发期质量属性则随着软件系统规模的日益增长，显得越来越重要了，下面一一说明之。

易理解性（Understandability）。尤指设计被开发人员理解的难易程度。

可扩展性（Extensibility）。可扩展性是指为适应新需求或需求的变化为软件增加功能的能力。我们在实际工作中，经常将可扩展性称为灵活性。

可重用性（Reusability）。可重用性是指重用软件系统或其一部分能力的难易程度。

可测试性（Testability）。可测试性是指对软件测试以证明其满足需求规约的难易程度。在实际工作中主要指进行单元测试、插桩测试等的难易程度。

可维护性（Maintainability）。可维护性是指为了达到下列三种目的之一而定位修改点并实施修改的难易程度：修改 Bug；增加功能；提高质量属性。

可移植性（Portability）。可移植性是指将软件系统从一个运行环境转移到另一个不同的运行环境的难易程度。

务实地，我们可以将运行期质量属性和功能性一起视为"软件的外部质量"，而将开发期质量属性视为"软件的内部质量"。无疑，软件的内部质量制约着软件的外部质量；在软件开发管理本身已经十分复杂的今天，想使内部质量很差的软件具有良好的外部质量几乎是不可能的。同时，随着商业环境变化的加剧，很多企业软件出现了"建成即废弃"的尴尬情况。于是，软件系统的内部品质越来越受到重视，通过强化软件系统的可扩展性、可重用性、易理解性等开发期质量属性，可以使软件有更多被改变、被重用的空间。

5.3.4　约束

业界对约束一直不够重视，例如《UML 和模式应用（第 2 版）》一书对约束的理解就太简单了：

> **约束不是行为，是设计或项目的某些限制条件。这些限制条件也属于需求，但通常被称为"约束"来强调其限制性。例如：**
> - **必须使用 Oracle（我们硬件签署过使用许可证了）;**
> - **必须在 Linux 上运行（成本低）。**

笔者在《一线架构师实践指南》一书中做了梳理总结：

> *约束需求 = 业务环境因素 + 使用环境因素 + 构建环境因素 + 技术环境因素。*

第一，业务环境因素（来自客户或出资方的约束性需求）。
- 架构师必须充分考虑客户对上线时间的要求、预算限制、以及集成需要等非功能需求。
- 客户所处的业务领域为哪些？有什么业务规则和业务限制？
- 是否需要关注相应的法律法规、专利限制？
- ……

第二，使用环境因素（来自用户的约束性需求）。
- 软件将提供给何阶层用户？
- 用户的年龄段及使用偏好是哪些？
- 用户是否遍及多个国家？
- 使用期间的环境有电磁干扰、车船移动等因素吗？

71

- ......

第三，构建环境因素（来自开发者和升级维护人员的约束性需求）。

- 开发团队的技术水平如果有限（有些软件企业甚至希望通过招聘便宜的程序员来降低成本）、磨合程度不高、分布在不同城市，会有何影响？
- 开发管理方面、源代码保密方面，是否需要顾及？
- ......

第四，技术环境因素（也不能遗忘，业界当前技术环境本身也是约束性需求）。

- 技术平台、中间件、编程语言等的流行度、认同度、优缺点等。
- 技术发展的趋势如何？
- ......

架构师应当直接或间接（通过需求分析员）地了解和掌握上述需求和约束，并深刻理解它们对架构的影响，只有这样才能设计出合适的软件架构。例如，如果客户是一家小型超市，软件和硬件采购的预算都很有限，那么你就不宜采用依赖太多昂贵中间件的软件架构设计方案。

5.4 从需求向设计转化的"密码"

不重视需求，设计必死。对需求的重视停留在口头，却不能体现到设计中，设计也会死。

我们都知道，整个设计"过程"中的关键一环是从需求向设计的"转化"或"过渡"。少了这一环，"重视需求"就是一句口号，需求和设计就是"两层皮"，设计就沦为了"拍脑袋"。

怎么办？

建议每一个架构师，都要精通"功能、质量、约束影响架构的不同原理"——这，是从需求向设计转化的"密码"。

5.4.1 "理性设计"还是"拍脑袋"

开发设计人员都知道，需求决定架构。看了本章前述内容后我们又知道，软件需求 = 功能 + 质量 + 约束（如图 5-14 所示）。

功能、质量、约束这三种需求影响架构的不同原理，是从需求向设计

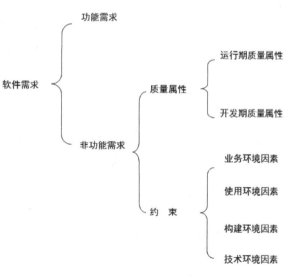

图 5-14 软件需求的类型

的"转化的密码"和"过渡的钥匙"。要进行"理性设计",这是基础。表 5-5 归纳了不同需求如何以不同原理影响架构设计的。

表 5-5　不同需求影响架构的原理不同

需求	基本原理	对架构设计的影响
功能	功能是发现职责的依据	• 每个功能都是由一条"职责协作链"完成的,架构师通过为功能规划职责协作链,将职责分配到子系统,为子系统界定接口,确定基于接口的交互机制,来推动架构设计的进行
质量	质量是完善架构设计的动力	• (必须)基于当前的架构设计中间成功,进一步考虑具体质量要求,对架构设计中间成功进行细化、调整、甚至推倒重来,一步步使架构设计完善起来 • 质量和功能共同影响着架构设计,抛开功能、单依据质量要求设计架构是不可能的
约束	约束对架构设计的影响分为几类	• 直接制约设计决策(例如"系统运行于 UNIX 平台之上") • 转化为功能需要的约束(例如"本银行系统执行现行利率"引出"利率调整"功能) • 转化为质量属性需求的约束(例如"柜员计算机平均水平不高"引出易用性需求)

5.4.2　功能:职责协作链

任何一项功能都是由一条特定的"职责协作链"完成的,如图 5-15 所示。作为完整的软件系统,它在支持每一个具体功能时,都必然涉及软件不同"部分"之间的相互配合。系统的控制权在这些不同的"部分"之间来回传递,形成一条"职责协作链",可以完成非常复杂的功能。

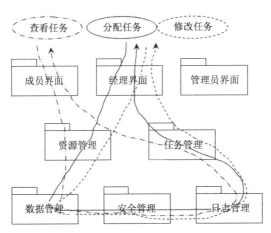

图 5-15　功能影响架构的基本原理:职责协作链

反过来,在设计架构时,就是要通过为功能规划职责协作链来发现职责,再将职责分配到子系统等软件单元中去,后续就可以定义接口,确定协作方式了……

5.4.3 质量：完善驱动力

质量，是完善架构设计的驱动力，不考虑质量的系统是无法走出实验室的。如图 5-16 所示，基于中间设计成果进一步质疑是其中基本的"思维方式"。例如，如果只考虑功能，"页面缓存"的设计就永远不会被引入，它是质疑性能、调整设计的结果。

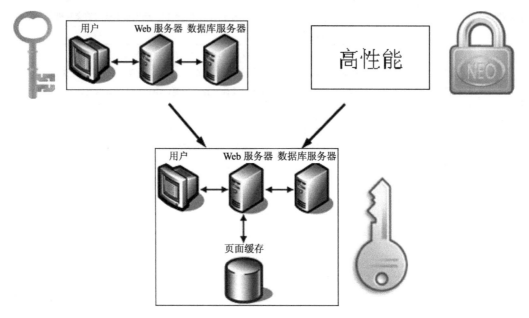

图 5-16 质量影响架构的基本原理：进一步质疑

必须注意：

第一，抛开功能、单依据质量要求，是不可能设计出架构的。打个赌：我有个 2000 万的系统想请你承接，不告诉你业务领域和功能要求，你能设计出一个高性能的架构给我评审吗？

第二，实际的设计过程是，质量是一种评价、一种针对"已然存在"的设计的评价，我们基于当前的架构设计中间成果，进一步考虑具体质量要求，对设计中间成果进行细化、调整、甚至推倒重来……

5.4.4 约束：设计并不自由

设计并不自由。对于架构设计而言，来自方方面面的约束性需求中潜藏了大量风险因素。所以，有经验的架构师都懂得主动分析约束影响、识别架构影响因素，以便在架构设计中引入相应决策予以应对。

我们以 ADMEMS 矩阵为"思维画布"，考虑一个银行储蓄系统可能涉及的约束需求（如图 5-17 所示），是如何以不同的具体方式影响架构设计的：

- **直接制约设计决策的约束。** 例如，"系统运行于 UNIX 平台之上"作为一条约束，架构师直接遵守即可。
- **转化为功能需求的约束。** 例如，"本银行系统必须严格执行人民银行统一规定的利率"是一条约束，但分析后发现，正是它引出了一条功能需求，即必须提供调整利率设置的实用功能。
- **转化为质量属性需求的约束。** 例如，有经验的系统分析员发现了一条重要约束："任职于各储蓄所和分理处的柜员，计算机水平普遍不高"。由此，未来的软件系统必须具有很高的易用性（否则不会用）和鲁棒性（否则可能把系统搞瘫痪了）就是非常必要的。

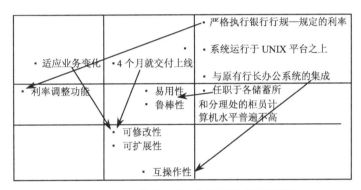

图 5-17　分析约束影响示例（银行储蓄系统）

5.5　实际应用（3）——PM Suite 贯穿案例之需求分析

知识点、技能项都讲了不少，下面实际应用到 PM Suite 贯穿案例，对 PM Suite 系统进行需求分析。

需求分析主线中所包含的关键步骤，可以概括为"三横两纵"，如图 5-18 所示。

- 三横。
  - ➢ 确定系统目标。
  - ➢ 研究高层需求。
  - ➢ 建立用例模型。
- 两纵。
  - ➢ 需求沟通、需求启发、需求验证。
  - ➢ 确定非功能需求。

所谓"纵"，指的是实践中需要持续不断地进行。所谓"横"，则是有先后之分的。"确定系统目标→研究高层需求→建立用例模型"这三步，后一步需要前一步的工作成果作为输入，如图 5-19 所示。

75

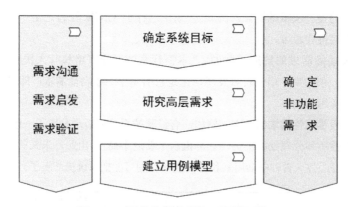

图 5-18　需求分析主线的"三横两纵"

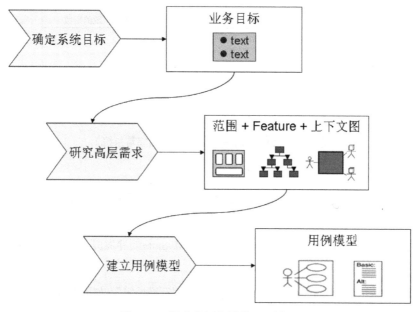

图 5-19　需求分析主线的"三横"

5.5.1　PM Suite 案例背景介绍

PM Suite，是一个分布式的组织级项目管理系统，是本书用做贯穿案例的一个虚拟的软件产品。

PM Suite 覆盖企业的单项目管理、项目群、项目组合管理，以及配套的辅助管理。它包含丰富的功能，涉及决策层、管理层、实施层等众多功能点，帮助组织统管项目实施层、管理层、决策层，有助于企业固化项目管理流程和体系。

PM Suite 互操作性强，能与其他不同知名产品（例如配置管理、Bug 管理）整合，从而将组织项目管理体系连成一个整体，改善项目管理的效能。

5.5.2 第 1 步：明确系统目标

一个客户组织，为什么要采购 PM Suite 作为项目管理平台呢？

PM Suite 作为一个软件产品要被开发，要拨款立项，我们首先要搞清楚一个问题——即确定系统的建设目标。经过了解情况，梳理分析，我们确定了 PM Suite 要达到的四大业务目标（如表 5-6 所示）。

表 5-6 整个 PM Suite 贯穿案例的第 1 个工作成果

PM Suite 项目管理平台建设目标
1. 构建统一的、集成的项目管理平台，能够与日常项目管理活动及软件工程活动有机结合，与现有系统无缝整合
2. 提高组织级项目管控力
3. 提高项目级管理水平
4. 促进项目和产品研发管理最佳实践的提炼、推行、持续积累和可控创新

PM Suite 产品的"根"就在这里：系统的业务目标。我们要把业务目标写入《愿景文档》，成为《愿景文档》内容的关键部分。若是采用敏捷软件开发方式，也必须重视业务目标，可以采用"目标列表"的形式明确记录它。

5.5.3 第 2 步：范围 + Feature + 上下文图

现在，我们已经明确了 PM Suite 的 4 个业务目标。接下来，是不是就可以进行用例建模了呢？

如果是小系统，接下来就可以用例建模了；但如果是大系统，或是业务复杂的系统，或是解决方案，明智的做法是

在确定业务目标之后、进行用例建模之前，

通过"范围 + Feature + 上下文图"来进一步明确高层需求。

【技能 1】高层需求之确定范围

实际工作当中，描述需求范围经常采用的方式有如下几种：1）文字描述法；2）业务域列举法；3）框图法（平实风格）；4）框图法（商务风格）。

对于 PM Suite 系统，我们经由对"组织级项目管理"涉及管理内容的分析，确定它的需求范围（Scope）涵盖 4 块主要内容。如果采用"业务域列举"法，可以这样描述：

- 项目基础管理。
- 单项目管理。

77

- 项目群管理。
- 项目组合管理。

如果换用"框图法（平实风格）"，可以用图 5-20 来进行描述。

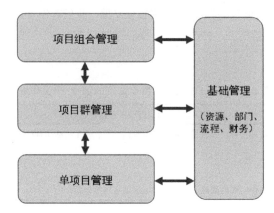

图 5-20　PM Suite 高层需求之需求范围

如果你是为公司写市场材料，画图当然要更"炫"一些，此时"框图法（商务风格）"是不二之选。例如，图 5-21 就采用了商务风格的框图法，该图来自维普公司（http://www.vpsoft.cn）的市场材料，描述的就是相关产品的"需求范围"。

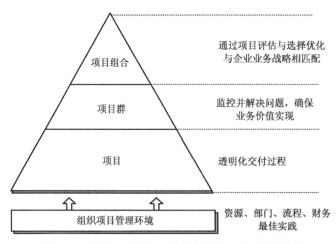

图 5-21　采用"框图法（商务风格）"描述需求范围
（图片来源：http://www.vpsoft.cn）

【解惑】需求范围框图 ≠ 架构图

在笔者为不少企业提供架构培训的课堂间隙，都有学员提出类似"需求范围框图是不是架构图"的问题。最典型的是有一次，一位学员拿着一个软件厂商的市场彩页给我看，说："温老师，你看这个材料，上面可是把这个图叫'架构图'的呀……"

其实这样的图（如图 5-22 所示），最精确的叫法就是"需求范围框图"，这才是揭示此图本质的称呼。

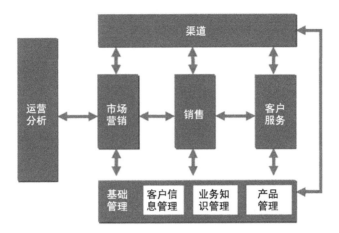

图 5-22　"需求范围框图"的例子

【技能 2】高层需求之定义 Feature

Feature 的应用，在实际工作中比较灵活，但也有规律。归纳而言：

- 内容。
  - ➢ 列举系统大致支持哪些功能组（粒度：大）。
    例如：办公软件"公文交换"Feature，其实是功能组。
  - ➢ 强调说明某些最有特色的功能项（粒度：中）。
    例如：办公软件"支持公文下发、上报和水平发送等多种方式"Feature，其实是列举功能项。
  - ➢ 点出功能项的更细节优势（粒度：小）。
    例如：办公软件"在 Word 中编辑的公文可直接在 Word 中发起上报，快捷高效"Feature，其实是说明一个功能项（公文上报）的具体卖点。
  - ➢ 技术特色、其他特色的强调。
    例如：办公软件"和微软 Office、即时通信软件无缝整合"及"多浏览器支持"等Feature，就是在讲技术特色。
- 描述方式。
  - ➢ 文字描述法。
  - ➢ 框图法。
  - ➢ 功能树法。

现在，我们继续 PM Suite 贯穿案例的需求分析。既然前面已明确了"需求范围"，下面我们问自己：在此"需求范围"内为了达到"业务目标"需要具有哪些 Feature 才行呢？

图 5-23 展示了 PM Suite 案例的从业务目标到特性列表的思维过程。例如，为了实现"统一平台"的目标，一方面要"内置著名软件工具的集成支持"，另一方面要"方便通过二次开发集成新的工具"，看来将来对 Web Service 或著名消息中间件等技术的支持在所难免。再例如，为了实现提高"组织级项目管控力"的目标，"覆盖和打通组织级与项目级项目管理"这一 Feature 就必不可少。

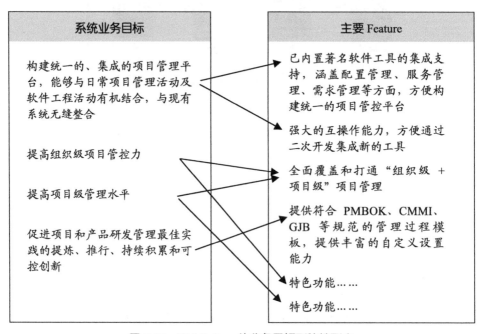

图 5-23　PM Suite：从业务目标到特性列表

基于此思维过程的启发，我们可以分析出 PM Suite 系统应具有的 Feature，采用"文字描述法"描述如下。

- 功能覆盖 4 大业务域：单项目管理、项目群管理、项目组合管理、基础管理。
  （说明：显然，此项 Feature 重复了"需求范围"）
- 单项目管理相关的功能组包括：任务管理、进度管理、范围管理、……
- 项目群管理相关的功能组包括：项目关联管理、生命周期管理、……
- 项目组合管理的功能组包括：项目组合分析、项目组合监控、……
- "生命周期管理"功能的如下具体特色非常有竞争力：内置 PMBOK、CMMI、GJB 等规范的管理过程模板，通过方便设置即可生效。
- 技术特色：与著名工具的无缝集成。
- 技术特色：二次开发支持。

同样，基于市场宣传的需要，"你"可以将 Feature 以美化的形式展示出来，凸显产品特色和卖点。例如图 5-24 和图 5-25，分别来自北京维普时代和 IBM，用于分别描述这两家公司推出的项目管理产品的关键 Feature。

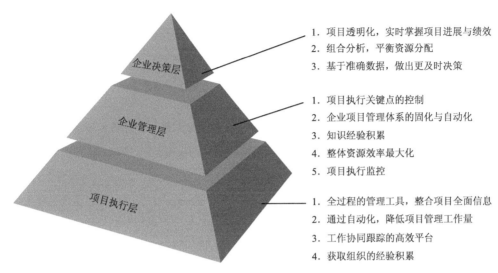

图 5-24　将 Feature 用于市场材料的例子（图片来源：北京维普时代）

图 5-25　将 Feature 用于市场材料的例子（图片来源：IBM）

嗯，的确如此，任凭市场彩页再怎么多"彩"，核心内容必少不了如下"两高"：

· 　一是诸如功能范围、Feature 等这些需求分析的"高层成果"。

· 　二是诸如高层架构、技术优势等这些设计的"高层成果"。

……如果读者您是开发人员，在看到我们贯穿案例的需求分析环节和"市场宣传"也能挂起钩来，是否感到吃惊？程序员必须知道，向架构师转型时，必须深刻领会"技术和市场并不是孤立的"。转，既意味着岗位职责的转变，又意味着技术技能的转换，还意味着思维焦点的转移。

【解惑】

整体来看，Feature（特性）在实践中其实有两种大相径庭的用法：

- 一种是把 Feature 看做从业务目标向具体需求过渡的手段，它的数量将比具体的用户需求的数量要少一个数量级。这时，Feature 以"高度概括的功能组 + 少数重要功能项 + 少数功能实现特色 + 少数技术特点"为内容。
- 另外一些实践者把特性当做比"功能"更小的需求单位，例如特性驱动开发（Feature Driven Development，FDD）方法就持这种观点。实践起来，Feature 的数量将大大多于"功能项"的数量。

本书认为，Feature 的第一种用法对实践非常有帮助。Feature 作为从业务目标向具体需求的过渡手段，启发了未来系统应在大方向上具有哪些方面的特性（后续可以把每个特性落实到一个或一组功能中），以一种实实在在的方式加强了需求分析师的系统化思维。

【技能 3】高层需求之画上下文图

现在，该画 PM Suite 的上下文图了。

由于上下文图描述的本系统、相关系统、外部因素、信息流等要素很大程度上就是在"刻画现实"，因此上下文图是高层需求三剑客（范围、Feature、上下文图）中"实感性"最高的一个。上下文图画法，常用的有三种：

- 顶层数据流图。
- 将 System 处理成黑盒的用例图。
- Powerpoint 等绘制的框图。

如图 5-26 所示，我们采用"顶层数据流图"画法，绘制了 PM Suite 的上下文图。

5.5.4 第 3 步：画用例图

好了，现在我们不仅确定了 PM Suite 的业务目标（4 点目标），还将目标落实到了"面"状范围（4 块内容）、"点"状 Feature（N 个特性）、上下文图（系统边界）。

用例建模时，上述成果能起到很大的启发作用：

- 系统外部——用例图的 Actor 有哪些呢？首先"上下文图"的外部实体会给你启发。
- 系统内部——用例图的 Use Case 要充分覆盖"范围"的规定，并体现"Feature"的要求。

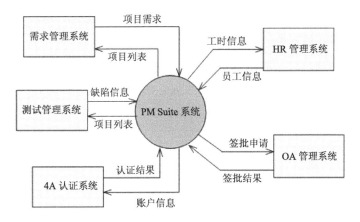

图 5-26　PM Suite：上下文图

例如，根据 PM Suite"组织级项目管理平台"这一定位和需求范围"基础管理+单项目管理+项目群管理+项目组合管理"这 4 大业务域，不难分析出 PM Suite 的 5 种用户角色：

- 项目成员。
- 项目经理。
- 部门经理/高层。
- 过程经理。
- 系统管理员。

再加上上下文图中明确的和 PM Suite 有交互的 5 个外部系统，用例图中的 10 种 Actor 就确定下来了。如图 5-27 所示。

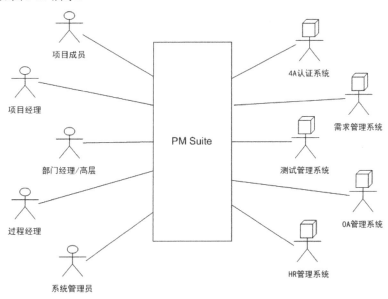

图 5-27　用例图绘制过程：确定 System 的 Actor

再继续，不断明确每个 Actor 相关联的每种用例（具体功能项），绘制用例图。既然系统较大，就采用多幅用例图的方式：

· 如图 5-28 所示，该用例图描述了与"系统管理员"和"过程经理"相关的所有用例。

· 如图 5-29 所示，"单项目管理"业务域的用例被展现到用例图中。

· ......

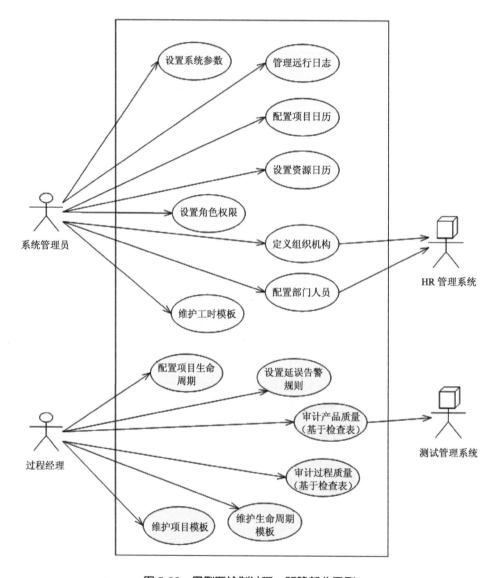

图 5-28   用例图绘制过程：明确部分用例

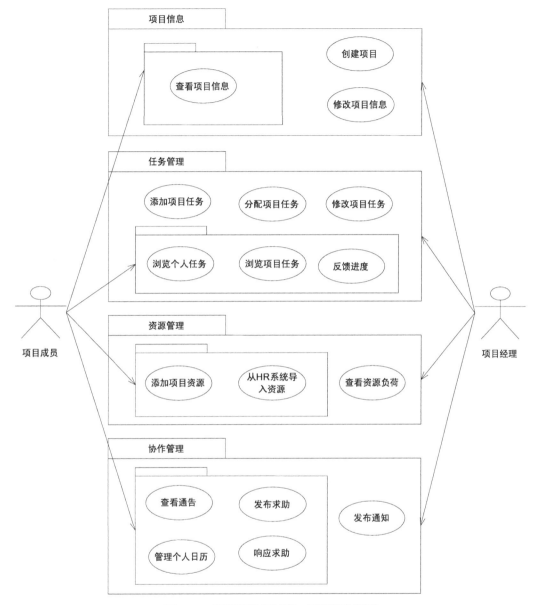

图 5-29　用例图绘制过程：明确部分用例

当然，"用例图 + 用例简述"经常一起出现、配合使用，在此不再赘述。

5.5.5　第 4 步：写用例规约

上面，我们梳理了用户需求。所谓用户需求，就是用户希望软件系统能为他做什么。用例图技术是捕获和记录用户需求的合适技术，1）它清晰地将系统的用户、外部协作系统建模成 Actor，2）"以用户（和外部系统）为中心"梳理系统应当具有的能力，3）将这些能力建模成用例，为用例命名以最直观地体现用户需求。

接下来，就是写用例规约了。

用例图并不足够。换句话说，需求分析进行到用户需求的层次并不足够，因为如果不明确定义软件系统的行为需求，我们就不知道要开发什么。基于用例技术的需求实践中，此时应和用户一起编写用例规约（对于简单并不易产生歧义的需求可以仅通过"用例简述"说明）。

仅举一例，如表 5-7 所示为"添加项目任务"的用例规约。

表 5-7　用例：添加项目任务

1. 用例名称：
添加项目任务
2. 简要说明：
通过此功能，项目经理可以为项目添加任务。
3. 事件流：
3.1 基本事件流
1)　项目经理进入"添加项目任务"界面。
2)　系统自动显示已经存在的"项目列表"。
3)　项目经理选定具体项目，并输入任务的名称、任务目标、开始日期、结束日期等基本信息。
4)　项目经理确定创建此任务。
5)　系统完成项目任务的创建。
3.2 扩展事件流
如果该任务的开展必须在特定任务完成之后进行，则项目经理可选择一个或多个任务作为"前置任务"。
4. 非功能需求：
操作必须方便直观。
5. 前置条件
身份验证：登录用户必须是项目经理身份。
6. 后置条件
任务被成功添加到项目，或因任务所在项目还未被创建而退出。
7. 扩展点
无。
8. 优先级
高。

5.5.6　插曲：需求启发与需求验证

在需求分析过程中需要不断地和客户进行交流，这时客户非常希望能够看到给他带来实际感受的界面草图甚至可执行的系统原型。而开发方最担心的问题是客户需求的不断变化，所以他们也希望能够尽早掌握客户的真正需求，并希望需求成果得到客户的确认。

为此，我们可以在需求分析期间就开始界面设计（如图 5-30 所示），并将界面草图等设计成果用于和客户的交流当中，这样可以增加实感、方便交流，并帮助客户"发现"他真正想要的功能。当然，界面设计的成果一般并不推荐放入《需求文档》，因为它们是设计而不是需求。

举个例子。在一开始和讨论"添加项目任务"这项需求时，我们和用户可能都没有意识到两个需求细节：

- 用户希望能为每项任务指定优先级，这样有利于承担多项任务的项目成员在时间不够时权衡取舍；
- 出于对易用性的极高要求，用户要求确定任务细节的时机必须非常灵活。

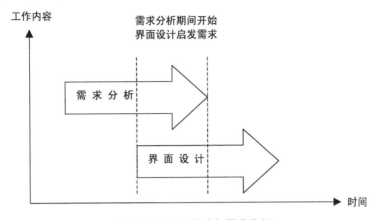

图 5-30　界面设计与需求分析

后来，在界面图和可执行原型的帮助下，用户能比较容易地意识到"令人不满的地方到底在哪儿"，明确提出了上面的"两个需求细节"，开发方也更新了"添加项目任务"的界面原型。图 5-31 展示了更新后的界面原型：用户既可以只输入任务名称和所属项目就创建任务，也可以同时指定许多详细信息。

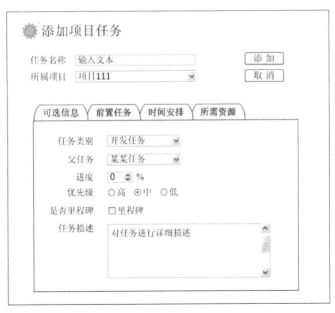

图 5-31　利用原型启发需求和确认需求

5.5.7 插曲：非功能需求

非功能需求的满足程度对软件项目的成功非常关键，因此需求分析中必须重视。

一部分非功能需求来自用户。诸如性能、易用性等软件质量属性，虽然不像功能需求那样直接帮助用户达到特定目标，但并不意味着软件质量属性不是必需的——恰恰相反，质量属性差的软件系统大多都不会成功。

还有一部分非功能需求来自开发者和升级维护人员。软件的可扩展性、可重用性、可移植性、易理解性和易测试性等非功能需求，都属于"软件开发期质量属性"之列，它们都将影响开发和维护成本。

也有一部分非功能需求来自客户组织。架构师必须充分考虑客户对上线时间的要求、预算限制，以及集成需要等非功能需求，还要特别关注客户所在领域的业务规则和业务限制。

因此，在实际需求分析工作中，非功能需求的确定很难一蹴而就，应该时时关心、不断完善。在表 5-8 中，着重列举了 PM Suite 的非功能需求。

表 5-8　PM Suite 的非功能需求

非功能需求			功能需求
约　　束	运行期质量属性	开发期质量属性	
客户群工作的平台多样化 成本效益考虑（PM 的管理成本必须远小于其带来的效益） 应考虑外包趋势 和其他系统交互数据 ……	易用性（操作方便直观） 互操作性（可与 HR 管理系统、OA 管理系统、测试管理系统、需求管理系统、合作开发单位的 PM 系统等互操作） 跨平台运行（考虑不同 OS 和 DBMS） ……	可扩展性（方便增加新功能） 支持二次开发（缺省提供基于 Java 语言的 SDK） ……	参见： • 用例图 • 用例简述 • 用例规约

5.5.8 《需求规格》与基于 ADMEMS 矩阵的需求评审

后续的需求文档编写和需求评审也很重要，在此不再详述。

《软件需求规格说明书（SRS）》是需求分析工作最重要的成果，本书第 6 章会说明采用用例建模技术时编写《软件需求规格说明书》的几点注意。

任何一个有经验的设计者都不想"无论 SRS 好坏，唯 SRS 是瞻"，这就需要需求评审的能力。基于本章讲过的 ADMEMS 矩阵（需求层次—需求方面矩阵）用来检查需求是否全面、是否有遗漏，是一种务实有效的办法。

用例与需求

需求 = 功能 + 质量 + 约束。用例是功能需求实际上的标准。用例涉及、但不涵盖非功能需求。

——温昱,《一线架构师实践指南》

仅在需求规格中出现用例图并不意味着应用了用例技术。

——徐锋,《软件需求最佳实践》

几年来,笔者接触了大量开发人员,发现只要是关心设计的开发人员,都关心用例技术,认为用例技术很流行、很有用,希望更好地掌握这种技术。

本章立足软件开发人员的视角,抽取一些实际问题,并在最后的"实际应用"一节解决"用例建模够不够?流程建模要不要?"的常见困惑,希望对更清晰地运用用例技术有所帮助:

* 用例图、用例规约、用户故事,这些技术有什么关系?
* 如何应用?
* 需求分析的三套实践论中,用例建模和流程建模的关系是什么?

6.1 用例技术族

用例技术是多种技术组成的"技术族",不应该一概而论,那种把所有这些技术一股脑儿称为"用例模型"的做法,不利于学习,也不利于实践。

本节借助银行的储蓄系统为背景案例，说明这些技术的不同：

- 用例图。
- 用例简述（用户故事）。
- 用例规约。
- 用例实现（鲁棒图）。

6.1.1　用例图

用例图描述软件系统为用户或外部系统提供的服务。结合图6-1：

- 用例图最重要的元素是参与者（Actor）和用例（Use Case），以此体现系统能为外部参与者（Actor）提供的功能（Use Case）；
- 参与者是与系统交互的角色或系统，既可以是系统的用户（User），也可以是和系统有直接交互关系的系统（System）；
- 用例的名称应该从参与者的角度进行描述，并以动词开头，这样一来通过"读图"可以清晰地获得用例图的语义，例如图 6-1 中"连读"出"柜员开户"、"柜员销户"等语义。

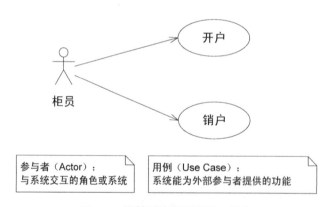

图 6-1　储蓄系统用例图的一部分

可见，用例图所做的，一是确定与本系统交互的角色或外部系统，二是描述系统必须提供的功能。对系统研发而言，用例图以可视化的方式进一步明确了系统功能范围（Scope）内的所有功能。

6.1.2　用例简述、用户故事

用例图中所含的用例必须被命名，但用例图中所含的用例信息也仅此而已了。因此，还需要其他的"用例说明技术"对用例进行更进一步的说明。

用例简述就是"用例说明技术"中最简单、最实用的一种。所谓用例简述，就是通过简短的文字对用例的功能进行描述；一般而言，用例简述都应包含成功场景的简单描述。如表 6-1 所示，它对储蓄系统"销户"用例进行了简要描述。

表 6-1　储蓄系统"销户"用例简述

用例名称：销户
用例简述：帮助银行工作人员完成银行客户申请的活期账户销户工作。需客户提供证件和密码。
优先级：高

很多敏捷方法都通过类似用例简述的技术捕获和交流需求，例如极限编程（eXtreme Programming，XP）的用户故事卡，以及特征驱动开发（Feature Driven Development，FDD）的特征等。

6.1.3　用例规约

再说说另一种用例描述技术——用例规约。

用例规约是对用例的详细描述，一般包括简要说明、主事件流、备选事件流、前置条件、后置条件和优先级等。用例规约的主要目的是界定软件系统的行为需求（需求可以划分为业务需求、用户需求和行为需求三个层次，所谓行为需求是指软件系统为了提供用户所需的功能而必须执行哪些行为）。表 6-2 展示了储蓄系统"销户"的用例规约。

表 6-2　"销户"的用例规约

1.　用例名称：
销户
2.　简要说明：
帮助银行工作人员完成银行客户申请的活期账户销户工作
3.　事件流：
3.1　基本事件流
1)　银行工作人员进入"活期账户销户"程序界面；
2)　银行工作人员用磁条读取设备刷取活期存折磁条信息；
3)　系统自动显示此活期账户的客户资料信息和账户信息；
4)　银行工作人员核对销户申请人的证件，并确认销户；
5)　系统提示客户输入取款密码；
6)　客户使用密码输入器，输入取款密码；
7)　系统校验密码无误后，计算利息，扣除利息税（调用结息用例），计算最终销户金额，并打印销户和结息清单；
8)　系统记录销户流水及其分户账信息。
3.2　扩展事件流
① 如果存折磁条信息无法读出，需要手工输入账号。
② 如果销户申请人的证件与客户资料信息不符或其他业务因素，而不予受理的，银行工作人员直接退出。
③ 如果系统密码校验错误，提示重新输入密码；密码校验失败超过 3 次，系统提示并自动退出。
4.　非功能需求：
申请受理处理的过程操作事件应在 30 秒内。
打印的销户和结息清单应该清晰明了。

续表

5.	前置条件
	账户为正常状态（即不是挂失、冻结或销户状态）。
6.	后置条件
	销户成功并将销户信息存入数据库，证件不符而退出，密码不符而退出。
7.	扩展点
	无
8.	优先级
	高

用例简述"轻"，用例规约"重"，区别很大。简要归纳用例规约的要点：

- 用例规约中对系统行为的描述是以用户为中心展开的，便于和用户交流；
- 用例规约既关注主事件流所描述的成功场景，也关注备选事件流所描述的异常场景，有利于促进系统化思维、发现异常场景、完善系统功能和提高易用性；
- 在实践中我们可以对用例规约的格式进行剪裁甚至扩充，以满足具体工作的需要。例如，可以增加用例的"使用频率"，以供界面设计和性能设计时进行参考。例如，可以增加"需求背景及可能的变化"，供架构师设计可扩展的软件架构时进行参考；
- 用例规约中应该包含用户界面原型吗？答案是不应该。界面如何规划本质上是属于设计的工作，将一部分设计混入需求而确定下了，会造成后续设计工作的被动。但实践中推荐在需求分析时就开始用户界面的设计（以及开发水平抛弃原型），以便对需求交流起到辅助作用；
- 后置条件应覆盖所有可能的用例结束后的状态。即，后置条件不仅仅是用例成功结束后的状态，还应该包含用例因发生错误而结束后的状态。例如表 6-2 所示的储蓄系统"销户"用例中，"证件不符而退出"和"密码不符而退出"就是因错误而结束的情况。

6.1.4　用例实现、鲁棒图

那么，何为用例实现呢？答案是：用例实现=协作。

在面向对象的理论体系中，协作被定义为"多个对象为了完成某种目标而进行的交互"。实践中，采用鲁棒图来建模用例实现——刻画为了实现用例定义的功能，我们必须考虑需要哪些类、类之间的一般交互关系。图 6-2 展示了储蓄系统"销户"功能的鲁棒图。

设计时，需要从功能需求向设计方案过渡，鲁棒图（用例实现）可以充当思维的纽带。具体请参考本书第 9 章"左手功能，右手质量"的实践讲解内容。

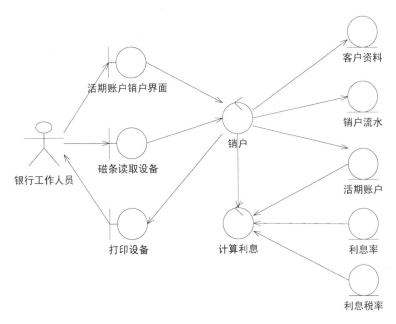

图 6-2　销户的用例实现

6.1.5　4 种技术的关系

以"需求层次论"（业务需求、用户需求、行为需求）为背景，可以梳理清楚 4 种用例技术的关系。如图 6-3 所示，4 种用例技术在"用途定位"上大有不同：

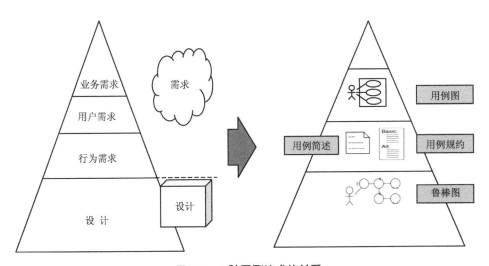

图 6-3　4 种用例技术的关系

- 用例图从总体上反映了【用户需求】;
- 用例简述是【行为需求】的简化描述;

- 用例规约也描述系统的【行为需求】，但属"规格级"详述；
- 至于鲁棒图（用例实现）已属于设计范畴，确切地讲是【初步设计】。

6.2 用例技术族的应用场景

6.2.1 用例与需求分析

4 种用例技术，用于 3 种实践场景：

- 用例图+用例简述。
  既可用于【需求捕获】，又可用于业务不太复杂的系统的【需求分析】。好处有二：一是覆盖面广，所有的功能需求都能被覆盖到；二是深入的细节不多，不易受到需求变更的冲击。
- 用例规约。
  用于【需求分析】与【需求规格定义】。用例规约本身是一种思维工具，它围绕"为参与者带来价值的可见结果"展开，挖掘出各种处理场景、异常场景，使需求定义更加完善。需求分析的目的是得到明确和规范的需求定义，用例规约技术正堪其用。
- 用例实现（鲁棒图）。
  用于【初步设计】。用例是需求，鲁棒图已是设计。

在上一章，我们强调过的"将需求捕获和需求分析定义成两个阶段是错误的"，还专门画图说明（如图 6-4 所示）。

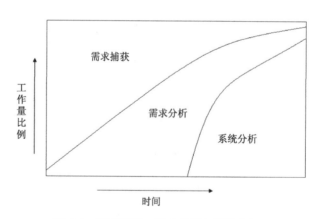

图 6-4　需求捕获、需求分析与系统分析

现在，以"需求捕获、需求分析以及系统分析之间相互伴随、交叉进行"为大背景，图 6-5 同时展示了多种技术在敏捷需求分析方法、以及基于用例的需求分析方法中的基本用法。

敏捷需求分析方法中，用户故事卡占了核心地位，对需求捕获、需求分析、甚至开发分工、乃至测试验收都是以用户故事卡为基础的。

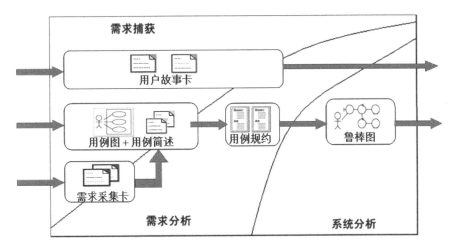

图 6-5 敏捷需求分析方法 vs. 基于用例的需求分析方法

基于用例的需求分析方法，前期使用用例图对功能需求进行总体描述，每个用例可以附带"用例简述"……；之后转入对用例内部事件流的分析，用例规约随之登场……概括而言，基于用例的需求分析方法有以下好处：

- 用例方法是以客户为中心的。它完全站在用户的角度上，从系统的外部来描述系统的功能，每个用例代表一个完整系统服务；
- 用例方法比传统的 SRS 更易于被用户所理解，是开发人员和用户之间进行沟通的有效手段之一；
- 用例图可以从大局上反映系统的功能结构，并且用例图在很大程度上不会受到需求变更的冲击——因为它不涉及需求细节；
- 传统需求方法采用功能分解方式，非常容易混淆需求和设计的界限，而用例方法利于解决这个问题。

6.2.2 用例与需求文档

你所在的项目团队，为了尽快完成《软件需求规格说明书》，曾经发动所有程序员"帮忙"突击写用例规约吗？这种做法耗时费力做出的用例规约有用吗？

本书建议，在写《需求规格说明书》时不要"一刀切"地对待所有用例——不管用例的数量、用例的复杂程度，一股脑儿将所有用例细化到用例规约程度——这是不对的。要是为此动员所有程序员"帮忙"突击写用例规约，那"无谓的浪费"就更多了。

应用前面所讲的"用例技术是多种技术组成的技术族"知识，区别对待用例图、用例简述、用例规约、用例实现（鲁棒图），就可以很好地解决上述问题。具体而言，编写《软件需求规格说明书》时应注意：

- 文档的结构要合理，特别是要"总分有别、错落有致"。下面所示的文档结构模板中，

"需求概述"和"具体需求"分开是明智的做法。

- 文档的第2节"需求概述"一节的"用例模型"部分，归档用例图和用例简述，注意要全面覆盖所有用例。

- 第3节"具体需求"一节的"用例描述"部分，以用例规约方式归档重要用例、复杂用例、易产生分歧的用例；如果时间紧或研发风险小，完全可以不归档全部用例。

- 总之，把握"用例图"和"用例规约"技术的区别是关键。"用例图"贵在"全"、覆盖"面"。"用例规约"贵在"深"、覆盖"点"。

---

1. 前言

    a) 目的

    b) 范围

    c) 定义、缩写词、略语

    d) 参考资料

2. 需求概述

    a) 用例模型　　　　　//此节，归档"用例图"等

    b) 限制与假设

3. 具体需求

    a) 用例描述　　　　　//此节，归档"用例规约"等

    b) 外部接口需求

        i. 用户接口

        ii. 硬件接口

        iii. 软件接口

        iv. 通信接口

    c) 质量属性需求

        i. 性能

        ii. 易用性

        iii. 安全性

        iv. 可维护性……

    d) 设计和实现约束

        i. 必须遵循的标准

        ii. 硬件的限制……

6.2.3　用例与需求变更

由于用例图、用例规约处于"需求层次论"（业务需求、用户需求、行为需求）的不同层次，因此当需求变更时，用例图和用例规约的"抗变性"大不相同。

需求变更来临

前述储蓄系统一直工作得很好……直到 1999 年 11 月 1 日，我国就开始对个人储蓄存款利息征收个人所得税。

需求变更了，在结息功能、票据格式等方面需要支持利息税特性（Feature），也会造成数据库结构和功能实现方面的设计调整。

用例图，能稳定反应用户级需求

开征利息税之前，储蓄系统用例图（一部分）如图 6-6 所示，包含开户、销户、结息这 3 个用例：

- 柜员可以执行开户和销户功能。
- 结息是在每年的结息日（6 月 30 日）例行执行的。
- 同时，销户时也会引起结清利息的处理。

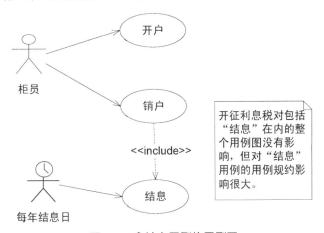

图 6-6　含结息用例的用例图

开征利息税之后，对用例图进行复审，用例图无需任何变化。这是因为，用例图描述了软件系统的整体功能结构，其中对用例本身的描述一般仅包括用例名。可以肯定"开征利息税"将影响结息功能，但用例图中仅反映了"储蓄系统必须有结息功能"，所以并不受"结息业务规则变化"的影响。

用例规约，因为精确所以易变

进一步看，开征利息税影响了"结息"用例的用例规约。如表 6-3 所示，主事件流必须增加扣除利息税的相关步骤，其他步骤也有重要改变。察其究竟，对软件开发影响巨大的需求变更其实更多地发生在行为需求层面——用例规约的主事件流和备选事件流正是反映行为需求。

表6-3　结息的用例规约

1.　用例名称：
结息
2.　简要说明：
完成银行活期账户结息的工作.
3.　事件流：
3.1 基本事件流
1）　系统发出结息命令；
2）　系统查询此账户的开户日期、存款利率、存款积数、利息税率等信息；//此步改变
3）　系统计算此账户的利息=存款积数×存款利率；
4）　系统发出结息命令；
5）　系统查询此账户的开户日期、存款利率、存款积数、利息税率等信息；//此步改变
6）　系统计算此账户的利息=存款积数×存款利率；
7）　系统计算此账户的利息税=利息×利息税率；**//此步新增**
8）　系统计算出应付利息=利息－利息税。　**//此步新增**
9）　系统将结息信息记账。//此步改变
3.2 扩展事件流
无
4.　非功能需求：
执行国家规定的当前利息率、利息税率。**//此条改变**
5.　前置条件
在规定结息日批量结息，或由销户交易触发。
6.　后置条件
将结息信息存入数据库。
7.　扩展点
无
8.　优先级
高

对实践的启发

为了更聪明地应付需求变更，可以考虑如下做法。

正如本章前面所述，需求变更对用例图和用例简述的影响比较小，而对用例规约的影响很大。因此我们应该"推后用例细化、激发需求变更"。具体而言：

推后用例细化。不是对软件架构起关键作用的用例，可以推迟到要实现该用例所定义的功能之前才进行细化，过早地为这些用例制定用例规约会增加"需求变更管理"的开销，使需求变更的影响增大。

激发需求变更。这一点很重要。必须通过不断增加功能、发布小版本、提供给用户试用、接受用户反馈等一系列的活动，让用户一步步明确自己真正想要的功能。对前期版本的反馈中，往往涉及比较多的需求变更，而此时大量用例还没有被细化，所以避免了需求变更造成的巨大冲击。

至于项目早期"不将所有用例细化"，是指将大部分用例保持在"用例图＋简短描述"的水平。这样做，并不影响"开发原型、征求客户意见、识别需求变更、再原型、再识别需求变更……"的过程。此后，需求分析员对用例进行细化。

6.3 实际应用（4）——用例建模够不够？流程建模要不要

实践丰富多彩，支持实践的方法也就不可能单调划一。

本节，我们讨论需求分析的三套实践论，兼谈用例建模与流程建模的关系。

6.3.1 软件事业部的故事

老米，是某公司软件事业部的技术负责人。他正为如何制定部门的需求分析流程发愁呢，因为他们事业部研发的不同软件特点差异很大：

- 规模：系统有大有小。
- 业务：有的系统业务性非常强，有必要专门进行业务流程建模。
- 技术：相反，有的系统的风险不是"业务复杂"，而是"技术复杂"。

这不，小张和小李是老米的两员干将，关于需求分析的做法，他俩的观点一个是"用例足矣"，一个是"流程建模和用例建模缺一不可"：

小李说："用例是需求技术的标准，够用了。"

小张脆生生地反驳道："错！用例只是'功能需求'实际上的标准，需求有多种层次多个角度，用例够只是一厢情愿吧！"

小李脸都红了，辩道："业务流程建模对我的系统来说没有必要。太重！这个月我们在做的前端工具，有什么业务流程？要是事业部规定必须提交业务流程模型，我还真交不出。"

…………

6.3.2 小型方法：需求分析的三套实践论（上）

在实践中，是实践决定方法，不是方法一刀切实践。

本书建议，软件事业部的技术负责人老米可以按照下述方式，定义"大、中、小"三套可根据系统特点选择的需求分析流程规范。

首先，对于业务不算复杂的系统，我们推荐如图 6-7 所示的需求分析实践方式。例如，主要风险在于“技术高难”或“控制规则复杂”的各类（嵌入式）控制系统，就大可不必按照业务系统的需求流程来。

需求工作项	提交的文档	所处需求层次
业务目标	《目标列表》	业务需求
绘制用例图	《需求规格》或《用例模型》	用户需求
编写用例规约		行为需求

图 6-7　需求实践论之小型方法

6.3.3　中型方法：需求分析的三套实践论（中）

回顾上一章的“PM Suite 贯穿案例之需求分析”，我们使用的其实就是需求实践论的中型方法。

如图 6-8 所示，中心方法的关键在于，通过明确增加“高层需求=范围+Feature+上下文图”，必须提交比较正规的《愿景文档》，来促进需求分析工作能真正紧扣业务目标而进行。

需求工作项	提交的文档	所处需求层次
业务目标	《愿景文档》	业务需求
范围　Feature　上下文图		
绘制用例图	《需求规格》或《用例模型》	用户需求
编写用例规约		行为需求

图 6-8　需求分析实践论之中型方法

6.3.4 大型方法：需求分析的三套实践论（下）

大型方法（如图 6-9 所示）和 EA（企业架构，Enterprise Architecture）的一些建议吻合，并指明了更加落地的实践方式，避免"EA 太飘"的常见窘境。

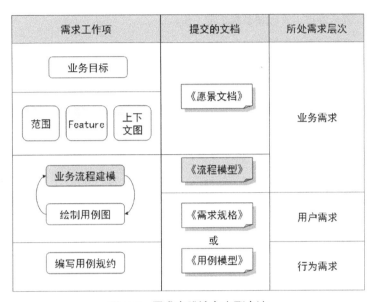

图 6-9 需求实践论之大型方法

大型方法的核心思想是：用例建模虽好，对大型方案却是不够的，需要流程建模的补充。

对于大型方案，绝不推荐"一上来就画用例图"，画完了事。因为这么做经常会遗漏需求。后面就是噩梦：需求变更未必是因为需求遗漏，但需求遗漏绝对能引起需求变更……

堵住遗漏需求的源头，经验有二：

- **【业务流程】。**
  - ➢ 尽可能广泛地勾画各种可能的业务场景，进行业务流程建模，识别需要哪些业务步骤。这些业务步骤、或几个步骤组成的业务流程片段，是发现"IT 系统应该提供的功能（或曰用例）"的最佳研究点。
  - ➢ 关键技巧（如图 6-10 所示）是，需求分析过程中明确判断"业务步骤的 3 种类型"：
    - → 全手工型。不会产生"系统需求"。
    - → IT 辅助型。又称半手工型。会产生"系统需求"，并由人机交互要求。
    - → IT 全自动型。会产生"系统需求"，多为后台自动服务。
- **【角色找全】。**
  - ➢ 尽可能把用户角色找全，否则秉承"以用户为中心"思想的用例建模过程就难保不遗漏需求了。用例思维使然。

> ➤ 关键技巧，也是要把握全类型：
>> → 系统需要和外部哪些系统进行交互。
>> → 谁使用系统的主要功能。
>> → 谁需要系统支持他们的日常工作。
>> → 谁来维护、管理使系统正常工作。
>> → 系统需要操纵哪些硬件。

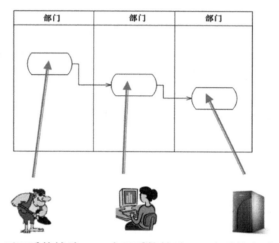

图 6-10　关键技巧：需求分析过程中明确判断"业务步骤的 3 种类型"

上面两条相辅相成使用。例如想到了"系统管理员"的角色，回头一查业务流程，可能发现漏了很多"辅助性流程"（面向业务功能的流程一般不会忘），这时就需要继续对辅助流程进行分析，以发现更多"用例"。

6.3.5　PM Suite 应用一幕

回顾上一章的"PM Suite 贯穿案例之需求分析"实践（如图 6-11 所示），我们当时需求分析是怎么做的呢？我们采用的是本章刚才讲到的"中型方法"——不求"大"（大型方法）是为了便于写书时把步骤脉络讲清楚。

图 6-11　回顾上一章的"PM Suite 贯穿案例之需求分析"实践

现在，让我们尝试应用一下"大型方法"中的业务流程建模是怎样促进用例发现的——PM Suite 系统作为组织级项目管理平台，的确有必要进行业务流程分析。

【首先】，如图 6-12 所示，我们采用 UML 活动图绘制 PM Suite 的高层业务流程图。

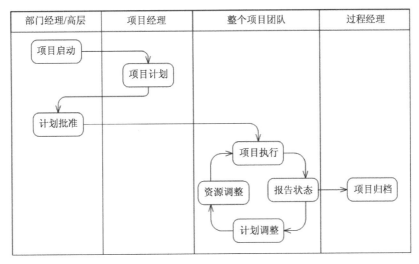

图 6-12　PM Suite 的高层业务流程图

【然后】，我们采用"层层展开"的方式将业务流程建模推进下去。即，针对每一个过于复杂的业务步骤，都可以展开成一个单独的子业务流程……如此递归。例如，对于高层业务流程图中的"项目计划"步骤，可以再进行业务流程分析，图 6-13 给出的是简单示范。

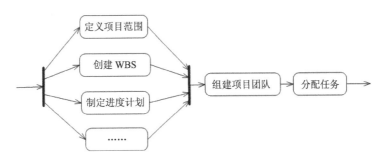

图 6-13　对"项目计划"再进行业务流程分析

【再然后】，"你"作为需求分析师，就要借助业务流程图来更全面地发现功能、识别用例了。例如，图 6-13 中：

- "制定进度计划"是用例吗？
  1）判断此业务步骤的"粒度"。如果不需要再继续分解，进入第 2）步；
  2）判断此步骤是全手工型、IT 辅助型、还是 IT 全自动型。经过"你"的判断，认定为"IT 辅助型"步骤，需要 IT 系统的帮助，因此发现用例"制定进度计划"；
  3）将"制定进度计划"用例添加到用例图中……

- "组建项目团队"是用例吗？

  1）判断此业务步骤的"粒度"。如果不需要再继续分解，进入第2）步；

  2）判断此步骤是全手工型、IT 辅助型、还是 IT 全自动型。经过"你"的判断，认定为"全手工型"步骤，不推荐靠 IT 系统来组建团队，还是项目经理亲自来吧。此步，没有发现用例。

- "分配任务"是用例吗？

  ……

　　无论是需求分析还是架构设计，方法的选择都要以用为本——是实践决定方法，不是方法一刀切实践。本节较多关注的"用例建模和流程建模的关系"，就是一个很好的例子。

第 7 章
领域建模

分析的另一种重要产品是领域模型，其目标是使负责该系统基本行为的所有核心类可视。

—— Grady Booch，《面向对象项目的解决方案》

对于中等复杂度的项目，系统的领域模型大约包含 50 ~ 100 个类，它们代表定义问题空间词汇的那些关键抽象。（For projects of modest complexity, expect to discover about 50 to 100 classes in the domain model of a system which represents only those key abstractions that define the vocabulary of the problem space.）

—— Grady Booch，《面向对象项目的解决方案》

很多希望向架构师转型的程序员，对"具体开发技术"都比较有信心。那么，转型路上他们最担心什么呢？

领域知识不足，是他们最大的担心。

本章以领域模型和领域建模为主题，逐次讨论：

- 什么是领域模型？
- 需求人员如何利用领域模型，避免沟通不足和分析瘫痪？
- 开发人员如何利用领域模型，破解"领域知识不足"死结？
- 如何通过领域模型，提高系统的可扩展性？

7.1 什么是领域模型

7.1.1 领域模型"是什么"

众所周知，开发人员"惧怕"一个领域，首先是苦闷"领域行话"听不懂、看不懂。

领域模型，就是将领域概念（即领域行话）以可视化的方式抽象成一个或一套模型。对比而言，领域模型比《领域词汇表》更进了一步，它不仅关注重要的领域概念，更重要的是它还刻画领域概念之间的关系。

7.1.2 领域模型"什么样"

就 UML 而言，领域模型最常采用下面两种图表示：

- 类图。
- 状态图。

看例子。图 7-1 展示了银行领域模型的一小部分，这是一幅 UML 类图，它抽象地表示了银行领域中和凭证相关的部分领域知识：

- 任何一个银行"账户"（这里没有详细分类）可能与多个"凭证"相关；
- 具体而言，凭证可以是银行卡、存折或存单等形式；
- 任何凭证都有明确的生效起始日和终止日；
- 但各种凭证的凭证号却不是统一的，比如存折和信用卡有不同的编号格式；
- ……

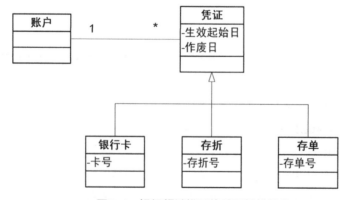

图 7-1　银行领域模型的凭证相关部分

类图无疑是用得最多的，但状态图可以用来对业务领域对象的状态变化进行有效的补充说明。图 7-2 描述了储蓄账户的可能状态及状态转换关系。该状态转换图作为银行领域模型的一部分，表达了如下业务知识：

- 储蓄账户有正常、挂失、冻结和销户等 4 种状态；
- 有效的储蓄账户始于开户交易，开户交易成功后储蓄账户处于正常状态；
- 开户交易的业务规则是：开户金额≥10 元人民币；
- 用户可以凭身份证要求对自己的储蓄账户进行挂失和解挂交易；
- 银行可以根据授权（例如司法授权）对储蓄账户进行冻结和解冻；
- 处于正常状态的储蓄账户可以进行存款、取款交易；
- 处于正常状态的储蓄账户经销户交易后变成销户状态。

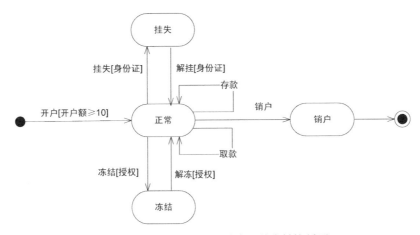

图 7-2　储蓄账户的可能状态及状态转换关系

初学者在实践中有时会矫枉过正，希望用领域模型囊括一切领域知识。其实，领域模型和文字说明各有优势，应结合使用，该用文字时就不要用 UML。如表 7-1 所示，采用文字方式说明了银行卡的卡号规则，非常简单直观——如果此时硬要建模，岂不笨拙？

表 7-1　银行卡卡号的规则说明

□　位数：16 位
□　格式：xxxxx yyyy zzzzzz n
□　说明：
■　xxxxx 为银行卡组织为各总行卡机构分配的标识号
■　yyyy 为各银行发卡子机构分配的联行号
■　zzzzzz 为发卡序号
■　n 为校验位

7.1.3　领域模型"为什么"

成功的项目都是相似的，失败的项目却各有各的失败之处。对于采用面向对象技术的软件项目而言，领域建模恰恰属于"都是相似的"之列——领域建模是公认的促使 OO 项目成功的最佳实践之一。

图 7-3 总结了领域模型对整个软件开发活动的重要作用：

- 领域模型为需求定义提供了领域知识和领域词汇。较之《词汇表》而言，领域模型更能体现各领域概念之间的关系，有较好的大局观；
- 软件界面的设计往往和领域模型关系密切。一方面，领域信息是所要展现内容中最重要的部分；另一方面，界面结构必须和业务内容的结构相一致，否则会使软件晦涩难用；
- 领域模型是否合理将严重影响软件系统的可扩展性。这是因为，丰富多彩的软件功能背后"藏"着的领域模型决定了软件功能可能的范围。Martin Fowler 在《分析模式》一书中指出：模型的选择会影响最终产生的系统的灵活性和可重用性。此言不虚；
- 由于分层架构的思想被广泛接受，领域模型经过精化之后会成为业务层的核心；
- 领域模型是设计持久化数据模型的良好基础，在实践中直接将领域模型映射成物理数据模型的例子也屡见不鲜。

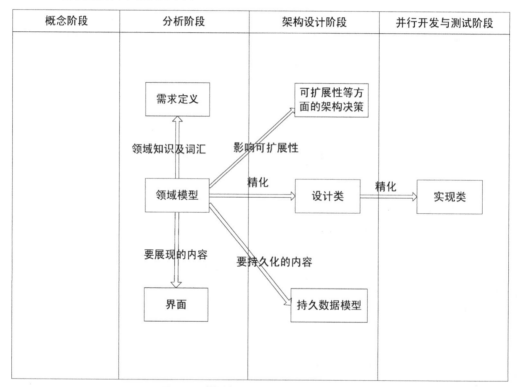

图 7-3　领域模型在软件开发中的作用

7.2　需求人员视角——促进用户沟通、解决分析瘫痪

7.2.1　领域建模与需求分析的关系

领域模型是探索问题领域的工具，可以帮助我们探索和提炼问题领域知识。那么，它和需求

分析是什么关系呢？

从本质上来讲，领域建模和需求分析活动是相互伴随、相互支持的。如图 7-4 所示。一方面，领域模型提供的词汇表应当成为所有团队成员所使用语言的核心，在需求活动以及其他活动中起到团队交流基础的作用。另一方面，需求捕获和分析非常关键，因为不知道客户想要什么，就无法提供让客户满意的软件。

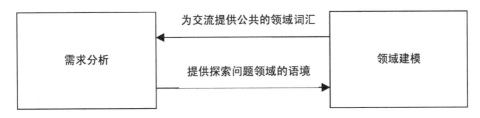

图 7-4　领域建模与需求捕获之间的关系

7.2.2　沟通不足

有经验的需求分析员会特别注意避免常见问题的发生，下面我们来讨论其中的两个。

第一个困难：用户的参与不够，造成需求分析成果中假设的成分太多。

很典型的情况是，用户不能理解开发方为什么要投入如此多的精力进行需求捕获和需求分析，在他们看来，"需求很明白"；另一方面，在用户真正使用了软件系统一段时间之前，他们往往并不确切地知道自己需要什么。类似问题，Eric Evans 在《领域驱动设计》中也有分析：

> 领域专家对于软件开发的技术行话的理解通常都非常有限，但是他们会使用他们自己领域的行话——很可能有很多种"风味"。而另一方面，开发人员能够理解并使用描述性的功能术语来讨论系统，而不使用专家们的语言。或者开发人员可能建立一个能够支持他们设计的抽象结构，而领域专家并不理解。从事于同一问题但不同部分的开发人员也会"搞出"他们自己的设计概念和描述领域的方式。
>
> 由于这种语言上的差异，领域专家对他们所需要的只能含糊地进行描述。开发人员费力地去理解领域中对他们来说陌生的东西，也只能含糊地理解领域专家的思想。

分析一下实际当中的需求实践，"用户参与不够"其实是两个问题：

- 一是用户参与不够多；
- 二是用户参与不够深入。

如何解决呢？

问题一："用户参与不够多"的问题，可以借助需求讨论、原型评审和现场客户等方法解决。用户代表或领域专家深入参与领域建模活动，可以避免需求分析员对业务领域的理解一直停留在假设的层面，直到软件开发出来后才被用户发现的尴尬局面出现。领域模型是对实际问题领域的抽象，它"穿透"用户想要的功能的表象，专注于分析问题领域本身，发掘重要的业务领域概念，并建立业务领域概念之间的关系。因此，开发方和用户在"领域模型"上达成的共识，往往比在"功能需求"上达成的共识"更深一级"，从而也更加稳固。

问题二："用户参与不够深入"的问题，则通过和用户一起进行领域建模讨论、领域模型评审来解决。领域模型规定的重要的领域词汇，是经过严格筛选的、大家共同认可的，所以可以成为团队交流的基础（如图 7-5 所示）。例如，当开发人员刨根问底地向用户讨教需求，和系统分析员争论需求文档，和测试人员争论那是不是 Bug 的问题之时，就应该用领域模型规定的"领域词汇"，进行不易产生歧义的有效沟通。任何团队开发活动，都应注意交流的问题。团队的不同成员之间共识越多，他们之间的合作就越顺畅。

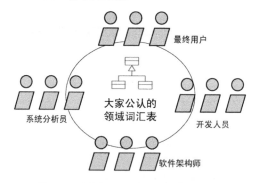

图 7-5　领域模型是团队交流的基础

7.2.3　分析瘫痪

第二个困难：问题领域太复杂时，需求分析的开展会遇到困难。

一个广为人知的案例来自敏捷社区，《敏捷软件开发生态环境》中记载了一个因"分析瘫痪"而惨败的案例：

> 新加坡贷款项目是一个巨大的失败。在 Jeff 没有加入该项目之前，一家知名的大型系统集成公司（在此当然不便点名）在该项目上花了两年时间，最后宣布做不下去了……
>
> 该项目是一个涉及大范围的商业、公司和消费者的贷款系统，它融合了大量的贷款凭证（从信用卡到大型跨银行的公司贷款）和广泛的贷款功能（从调查到完成到后台监测）……

而 Jeff 却成功了，他的成功来自许多最佳实践，其一就是领域建模。《敏捷软件开发生态环境》中继续写道：

> 进入到"新"项目不到两个月时间，Jeff 的团队就开始向客户提供可演示的特性。该

团队花了大约一个月时间进行整体对象模型方面的工作……

类似下列情况你也许并不陌生。需求分析在进行过程中，我们可能不断地因"对关键领域问题的理解不足"而卡壳或者争论不休。例如，银行系统中客户、账户、凭证的关系因"一本通"、"一卡通"的出现变得复杂了，需求讨论可能一而再、再而三地影响需求分析的推进。

怎么办呢？可以借助于领域建模，循序渐进地理清领域知识。我们在需求分析过程中，每当搞清楚一部分领域知识，就将此部分知识建模并将模型在整个项目组公开，再搞清楚一部分领域知识，再建模并将模型在整个项目组公开。这让人想起柳传志的"撒上一层土，夯实了，再撒上一层土，再夯实了"的说法。

7.2.4　案例：多步领域建模，熟悉陌生领域

领域建模往往要经历一个从模糊到清晰、从零散到系统的过程，从而，使我们能够不断深入、系统地整理对问题的认识。

下面举例。

小孙，某研究所，系统软件研究室，软件科研人员。他们研究室接到任务，要研发一个自主知识产权的配置管理工具（类似 IBM Clearcase、微软 VSS、CVS）。作为项目责任人，小孙心里直打鼓："对此领域不熟呀，会不会死得很难看？"

在这种情况下，项目伊始，小孙通过领域建模来探索并理清领域知识。效果不错。例如，图 7-6 展示了对小孙初步、零散、不完整的认识：

- 在软件配置管理中，被管理的对象是"工件"，它代表现实中以文档、代码等方式存在的工作成果；
- 配置管理还必须管理工件的"变更"，因为随着软件开发和管理工作的开展，工件可能被增强、或被修改，不一而足；
- "基线"和"配置项"也是非常关键的概念……

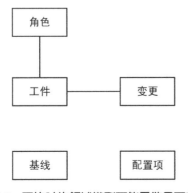

图 7-6　开始时的领域模型可能零散且不完整

在小孙的主持下，团队在稚嫩却有启发性的初步领域模型的基础上不断讨论、探索、挖掘，

使领域模型不断精化，最终的领域模型变得越来越严谨，越来越系统。图 7-7 展示了不断精化的领域模型：

- 任何软件工程过程，都少不了角色（role）、活动（activity）和工件（artifact）等概念（或者类似概念）。这些概念本身很好理解。角色是对个人或者作为开发团队的一组人的职责的规定；具体人和角色的关系，好比人和帽子的关系。活动就是角色执行的工作单元。工件就是工作的成品或半成品。

- 倒是这些概念的关系显得更加重要。角色的职责，具体体现在他执行的活动和负责的工件上。工件是由活动生产出来的——工件是活动的输出；比如制定《编码规范》。然而，活动本身也可能以工件为输入——活动可能要求使用工件；比如编码活动要参考《编码规范》。还有一种关系，工件既是活动的输入又是它的输出——活动修改工件；比如修改《编码规范》。

- 建立并管理基线（baseline），为软件开发管理提供了有力的支持。基线的要点有二：一是要通过评审，二是要受配置和变更管理控制。IEEE 对于基线的完整定义是：已经通过正式复审和批准的某规约或产品，它因此可以作为进一步开发的基础，并且只能通过正式的变更控制过程进行改变。

- 配置和变更管理完成建立并管理基线的任务。置于配置和变更管理之下的工件，被称为配置项（configuration item）——因此模型中把配置项建模为工件的子类。而基线就是由多个配置项组成的瞬时快照——因为受配置和变更管理控制是基线的必要条件。任何工件都有可能发生变更；正如并不是所有工件都是配置项一样，变更也不一定都受控，比如，用于讨论的临时设计就不必受控。只有配置项的变更，才是需要受配置和变更管理控制的。到底哪些工件应当受控，是根据实践情况决定的，应当在规范性和灵活性之间权衡考虑。

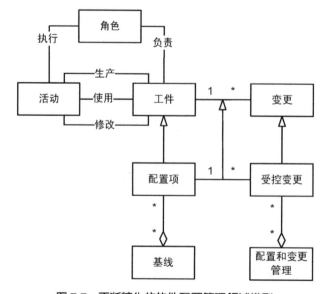

图 7-7　不断精化的软件配置管理领域模型

从上面例子可以看出，由于问题领域的复杂性，领域建模往往不是一蹴而就的。建模伊始，领域模型还很不完善，但随着核心领域概念的不断"可视"、不断抽象成 OO 类，我们可以较方便地基于中间成果进行讨论、分析、模型完善……在此过程中，OO 领域模型起着"思维工具"的作用。

这让人不由得想到，Grady Booch 和 Martin Fowler 都不约而同地表示过，他们采用面向对象方法最大的原因是它有助于解决更为复杂的问题。的确。

7.3　开发人员视角——破解"领域知识不足"死结

7.3.1　领域模型作为"理解领域的手段"

开发人员的一个经典困惑是：领域经验不足。眼看着技术能力和自己一样甚至稍差的开发人员升职了、另谋高就了，心里那个纠结呀。那么，当面临一个自己领域知识不足的项目或产品时，如何快速梳理领域知识、并达到一定程度的理解呢？

一个技巧是：通过领域建模促进对领域的理解。

扯远点儿。你作为开发人员，想必知道"代码重构"有一种"反其道而行之"的应用——通过代码重构促进对程序的理解。

回来。现在，我们就推荐"领域建模"的一种"反其道而行之"的应用——通过领域建模促进对领域的理解。

领域知识的核心是领域概念之间的关系——很多时候，开发人员对单个概念还是比较清楚的，但一旦涉及领域概念之间的"对应"关系、"包含"关系、"如果……则……"关系时开发人员就比较容易发憷"领域知识不足"。

因此，破解"领域知识不足"死结的关键是"理顺概念关系、搞清业务规则"。这恰是领域模型的"强项"——通过对复杂的领域进行"概念抽象"和"关系抽象"建立模型，获得对领域知识总体上的把握，就不会掉入杂乱无章的概念"堆"里了。

下面看例子。

7.3.2　案例：从词汇表到领域模型

如果你是个领域知识不足的开发人员，要专门花些精力收集领域词汇的定义，例如从《用户手册》、从各种业务资料、特别是名为《领域词汇表》文档（公司以前的背景相似项目的《领域词汇表》当然也很有帮助）。然后，借助这些文本描述，以领域建模为手段梳理对领域的理解。

下面看一个"在线拍卖"的例子。如表 7-2 所示，列出了在线拍卖系统的一些领域词汇。一行一行逐次读下来，感觉定义虽明确，但在揭示多个领域概念之间关系方面比较欠缺。随着领域概念的增多，此缺点会更加明显。

表 7-2   在线拍卖系统的词汇表

拍卖：一种销售方式，将拍卖项卖给竞拍价格最高者。

拍卖信息：关于拍卖活动的信息，包括拍卖活动的起始时间、延续时间、拍卖项目录等。

拍卖项：进行拍卖的物品的统称。

拍卖项信息：关于拍卖项的信息，包括产品信息（名称、描述、图样、类属）、起拍价、竞拍最小增幅等信息。

起拍价：一开始的竞拍最低价。

成交价：拍卖结束时刻的最高竞拍价。

买家：参与竞买者。

卖家：提供货物，并以拍卖方式出售货物者。

成交：以符合拍卖活动规则的方式，拍卖项的所有权从卖家过让为竞拍价格最高的买家，买家按成交价支付。

建模较之使用自然语言的《领域词汇表》，明显"大局观"更好。图 7-8 和图 7-9 所示为在线拍卖系统的部分领域模型。

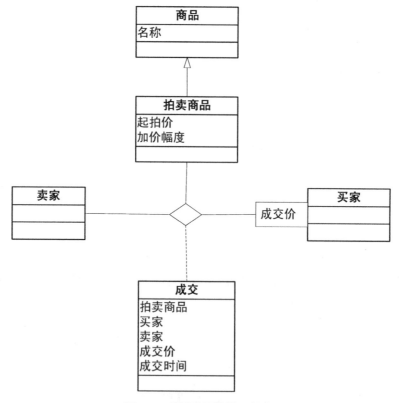

图 7-8   领域模型的类图部分

商品、价格、买家、卖家、起拍价、加价幅度、成交、成交价，都是拍卖领域的核心概念。图 7-8 刻画了"买家"、"卖家"、"拍卖商品"和"成交"的关系，一目了然。模型告诉我们：成交是拍卖商品、买家和卖家之间的一种关系（采用 UML 关联类描述），并且其中的买家是"喊出"成交价的那个买家。

114

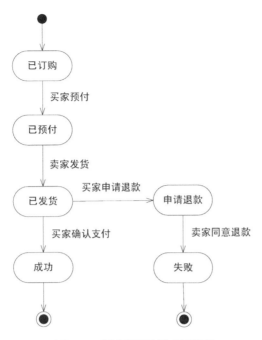

图 7-9　领域模型的状态图部分

　　谁最先提供既方便、又公平的拍卖—预付—发货—支付流程，谁就可能成为这个市场的领导者。图 7-9 描述了网上交易涉及的交付流程，左边一条状态链下来、涉及 4 个状态，最终是交易"成功"状态；右边是"买家申请退款"后的处理，最终是交易"失败"状态。

　　……经过这么一梳理，不断地将重要的、最难理解的业务规则可视化，领域知识在开发人员头脑中也清晰起来。

7.4　实际应用（5）——功能决定如何建模，模型决定功能扩展

　　《高效能人士的七个习惯》算是一本"名书"了。读过之后，我印象最深的是 4 个字：由内而外。它的第 1 章名为"由内而外全面造就自己"，而最后一章名为"再次由内而外造就自己"，很有意思。

　　对软件来说，要想获得好的可扩展性，需要"由内而外"来构建软件。例如，Martin Fowler 在《分析模式》一书中就曾经指出："在对象开发过程中一个很重要的原则就是：要设计软件，使得软件的结构反映问题的结构。……模型的选择会影响最终产生的系统的灵活性和可重用性。"

　　反观很多失败的软件项目，都是由于对问题领域认识不足而引起的；还有许多项目，模型设

计不够合理,任何需求的变更或新功能的增加都可能引起一连串的问题。换句话说,忽视了领域模型这个"内",而仅重视编写程序这个"外",多半是要出问题的。

7.4.1 案例:模型决定功能扩展

这是一个人事管理系统的例子,用来说明领域模型如何决定功能范围并影响软件系统的可扩展性。

客户对最初交付的 HR 管理系统他们比较满意。在这个版本中,架构师根据"统计公司雇员"等需求(没有考虑可扩展性)设计了领域模型,图 7-10 展示了这个领域模型的一角。

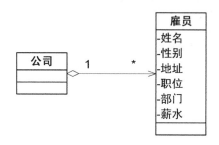

图 7-10　最初的人事管理系统领域模型之一角

时间流转,公司开始出现职位升迁、员工离职,甚至离职的员工又被"挖"回来等情况。这时,HR 管理系统出现了问题,比如 HR 经理希望列出如图 7-11 所示的员工履历纵览,但系统却只能显示某员工的最新职位。

员工信息			
姓名		性别	
地址			
员工履历			
时间	部门	职位	薪水
——	——	——	——
——	——	——	——
——	——	——	——
——	——	——	——

图 7-11　最初的模型不支持此功能

毋庸置疑,必须对系统进行升级才能支持"能够反映职位变动和离职员工重新加入公司"这一特性(Feature)。但这时我们发现,由于领域模型的限制,希望仅扩充应用层(相当于领域层、数据层)就增加对"查看员工履历"功能的支持是不可能的。这是因为领域层并没有提供"查看员工履历"所需的服务,而且领域层也没有能力提供出这样的服务。

116

没办法，领域模型必须被重新设计以增强能力，如图 7-12 所示。说明一下，由于建模者的习惯差异，有的人常用"关联类"而有的人不用，因此，图中分别用两种方式表达了相同的设计思想，只不过左边的模型采用了关联类语法罢了。

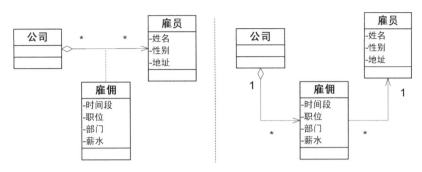

图 7-12　升级后的模型（前者采用关联类）

不难看出，公司和雇员原来是一对多关系，现在变成了多对多关系；更深层次的，职位、所在部门、薪水这些属性从"雇员类"移到了"雇佣类"。分析如下：

- 雇员的姓名、性别很少改变（或者说，本 HR 系统不打算支持那些极端情况），而地址只需记录最新的即可，因此姓名、性别、地址作为雇员的属性；
- 和姓名不同，雇员的职位、部门、薪水并不是一成不变的，而是随着职业生涯的发展不断变化的。从面向对象的角度考虑，职位、部门、薪水不应作为雇员的属性；
- 其实，公司雇佣了某人作为雇员，那么公司和雇员之间就建立了雇佣和被雇佣的关系，而职位、部门、薪水都是对这种雇佣关系的描述。从面向对象的角度考虑，可以采用关联类来描述"雇佣"这种关系。除了职位、部门、薪水等属性之外，雇佣类还应该担负记载雇佣时间段的职责。

这样一来，为了支持"能够反映职位变动和离职员工重新加入公司"这一特性（Feature），不仅具体实现要增强、数据库要改变，而且子系统的接口也会随之发生改变，使这一变化的影响波及其他子系统。

下面，让我们仔细体会一下上面例子所说明的问题。

（1）变化无处不在。

一个软件系统，用户交互的方式变换花样了，持久数据的存储从文件方式变成关系数据库（甚至对象数据库）了，或许还与形形色色的其他系统"无缝集成"了……

（2）但并非变化无常（"常"者，规律也）。

比如，问题领域层的对象似乎在某种程度上还是"老面孔"。关于这一点，一个老于世故的例子是航空订票系统——从架在"大型主机＋字符终端"之上的基于命令行的订票系统，到现在的 B/S 结构的分布式订票系统，"航班"、"乘客"及"优惠策略"这些领域概念似乎从未变过。

（3）领域模型决定了软件系统功能的范围。

任何模型都是对现实世界的某种程度的抽象，领域模型也不例外。抽象意味着有目的性地忽略；而忽略哪些对象和关系，保留哪些对象和关系，都和具体目的有关。最初的人事管理领域模型（见图 7-10）可以支持很多有用的功能，但这个模型不能反映雇员的职位和部门等的变化历史。后来的人事管理领域模型（见图 7-12）更为复杂，提供了记录历史的功能。

（4）因此，领域模型影响着软件系统的可扩展性。

可扩展性是软件系统的一种非功能性的质量属性，是在系统保持现有功能特性的基础上，扩展实现有一定相关性的其他功能特性的容易程度。扩展越容易则可扩展性越高。功能是软件系统能够完成的具体任务；而模型揭示了丰富多彩的功能需求背后的结构，使我们设法"驯服"复杂性时有了切中要害的"着力点"。如果说，定义系统的功能相当于"拍照片"的话，那么领域建模就相当于"做透视"：功能需求记录了系统外在的、用户可感知的"应该列表"，但它们是易变的，当商业环境急剧变化的时候需求尤其易变；而领域模型揭示并模拟问题领域的内在结构，相当于对问题领域进行了一层抽象，良好的领域模型不仅支持现有功能需求的满足，还在一定程度上支持未来可能出现的新需求，使系统需要扩展的时候仅需增加必要的"应用功能代码"，体现良好的可扩展性。

7.4.2 实践：功能决定如何建模

那反过来呢？

既然最终，"领域模型"影响"功能扩展"，那反过来，"功能扩展"驱动"领域建模"呗！看透了也简单。

读到此处，读者应该回忆起"架构设计过程"那一章"速查手册"中总结的"领域建模的输入和输出"了吧，如图 7-13 所示。做法很清楚：想要系统具有可扩展性，领域建模的时候就要以"现在就要的功能+未来可能需要的功能"为输入、为建模思维的驱动力。

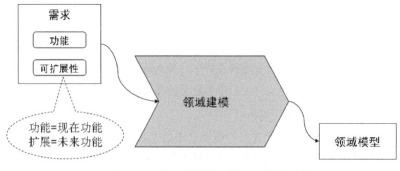

图 7-13　领域建模的"输入"和"输出"

看例子，我们一起来研究 B2C 的电子商务网站。要支持图 7-14 所示的功能，采用图 7-15 所

118

示的领域模型（本例重点讨论商品及其分类）。

图 7-14 现在需要的功能 1

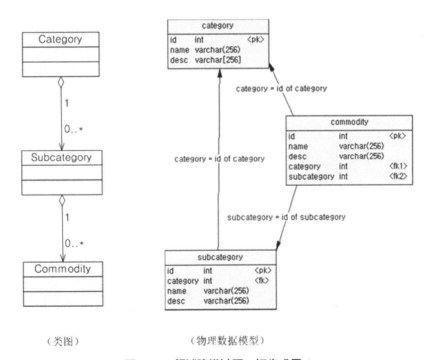

（类图）　　　　　　　　（物理数据模型）

图 7-15 领域建模过程：初步成果 1

模型中分别定义了 Category 和 Subcategory，代表"商品大类"和"商品子类"。例如图 7-14 所示功能中的"电脑办公"是商品大类 Category、"笔记本"是商品子类 Subcategory。这样设计有问题吗？把两级商品分类做死了。

"因为模型通过 Category 和 Subcategory 把两级商品分类做死了，所以不好"。你要是在设计评审时，以这种"说一半留一半"的方式批评同事的设计，八成要吵架。你得把"不适合场景"具具体体地描述出来：如图 7-16 所示的功能场景下，商品的分类层次超过 2 层，因此刚才的模型支持不了。于是，接下来领域模型就可以改进为如图 7-17 所示的设计。

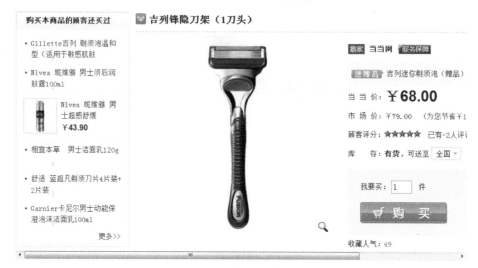

图 7-16　现在需要的功能 2

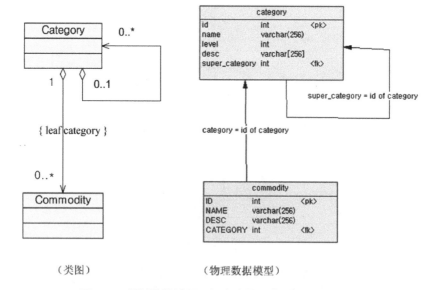

（类图）　　　　　　　　（物理数据模型）

图 7-17　领域建模过程：初步成果 2（否定了成果 1）

老设计被否定，新设计被提出。模型定义了可以递归包含自身的 Category 类，商品类目的层次可以是 1 到 N 层。灵活。

下面举一个未来可能需要的功能（依然是重点讨论商品及其分类），如图 7-18 所示，一本书可以同时划归不同 Category：既属于"红色读物"类、又属于"纪实文学"类、还属于"小说"类。的确，读者对某一主题感兴趣时，希望能"点击主题的名字"看到所有这一主题的图书。有用。

图 7-18　"未来"可能需要的功能 1

这就要求，老的设计 2 升级成设计 3，如图 7-19 所示，Category 本来是"一对多"自包含，现在是"多对多"自包含。

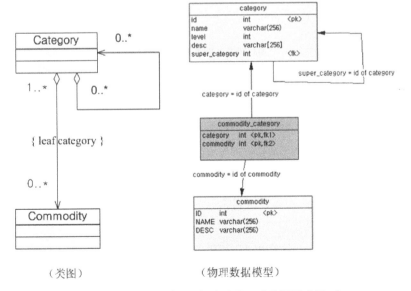

图 7-19　领域建模过程：初步成果 3（升级了成果 2）

……有意思的案例分析过程。看来，抽象模型背后的功能可不抽象，设计高手都知道"从头到尾的抽象思维"是一个美丽陷阱。

7.4.3　PM Suite 领域建模实录（1）——类图

领域建模小组正在卓有成效地开展着工作……

领域专家：项目被分解成许多任务，分配下去。

架构师：你是说这个意思吗？（指着图 7-20。）

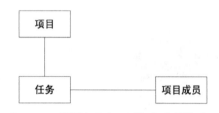

图 7-20　项目管理中，以任务为单位分工

领域专家：正是这样，分工的单位是任务而不是项目。

架构师：也就是说，需要把任务分配给项目成员。（边在图上改着）

领域专家：是的，而且项目规定，每个任务只能分配给唯一的人，而一个人可以负责多个任务。

架构师：好的，这很重要，我要把它们记录下来（见图 7-21）。

图 7-21　更精确的描述

架构师：恕我啰嗦，一个项目分解为多个任务，但一个任务只能对应于某一个项目。是这样吗？（指着图 7-22）

领域专家：停，似乎有些问题……（盯着图）

领域专家：我们必须支持"多项目管理"，这时，多个项目可能共享某个子任务。

架构师：多个项目可能共享某个子任务？能举个具体例子吗？

领域专家：比如企业级应用都会用到的一些和领域无关的模块，如身份验证、消息机制等……你是在考我吗？

架构师：哪里哪里。你看，这就是"不要想当然"的好处，所以我必须能够支持诸如"多项目共享任务"这样的特性（在图 7-23 上改着）。

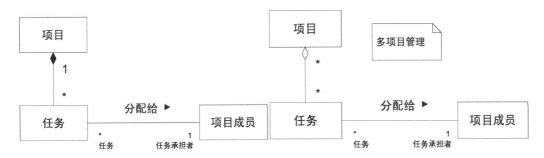

图 7-22　架构师开始认为项目和任务是一对多的关系　图 7-23　但实际上多个项目可以共享某任务

领域专家：将项目分解为多个任务之后，需要为任务排定日程，比如，某任务结束之后另一任务才能开始……

架构师：哦，很好，任务之间可能有前后关系……（见图 7-24。）

图 7-24　任务之间的前后关系

领域专家：我们的项目涉及的资源有多种，比如人、设备和材料等。对企业而言，"资源管理"是项目管理的应有内容；对项目组而言，没有必要的资源也很难开展工作。

架构师：是的，你桌上放的是仿真器吧。仿真器这个"资源"忒重要了，我做嵌入式系统开发那会儿，程序员都排队等这东西。紧缺资源啊！（跳槽往事闪过脑海，他诡秘地笑了一下。）

领域专家：的确如此。（看着图 7-25 说。）

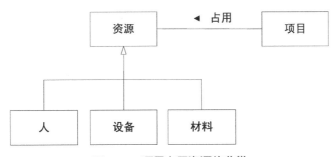

图 7-25　项目占用资源的分类

领域专家：从逻辑上看，资源是项目占用的，但对资源的使用要具体分配到任务，而且应明确具体的使用期限……

架构师：是任务占用资源，很好。项目、任务、资源的关系越来越清晰了，不是吗？（指着

图 7-26。）

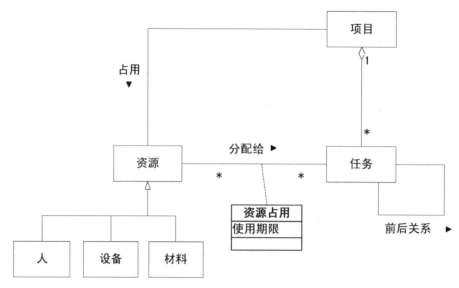

图 7-26 项目、任务、资源的关系越来越清晰了

临近下班的时候，架构师看着已经逐渐有模有样的领域模型（如图 7-27 所示），有一种不大不小的成就感。"我们的模型明天还要继续精化，比如，项目状态的跟踪等问题还没有讨论清楚。"架构师说。

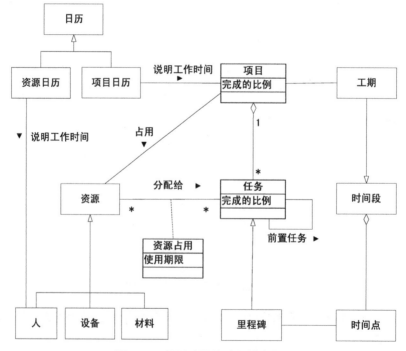

图 7-27 领域建模的阶段性成果

7.4.4　PM Suite 领域建模实录（2）——状态图

第二天，简单回顾了前一天的建模成果之后，新的讨论开始了……

领域专家：PM Suite 应当能够跟踪每个项目的状态，这些状态包括未启动、进行中、已完成、已取消。

架构师：……

领域专家：……

架构师：……（得到了图 7-28。）

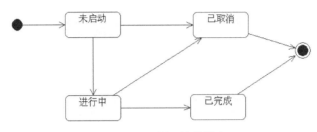

图 7-28　项目可能的状态

领域专家：嗯，很好的图。

架构师：但我想还没完，我们必须明确一个项目的不同状态是因何而发生变化的。

领域专家：嗯，情况是这样的……

架构师：……（得到了图 7-29。）

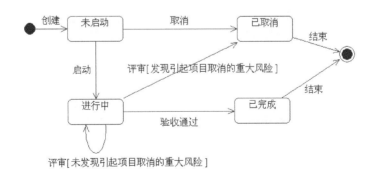

图 7-29　细化了项目转换变化的原因

分析员：项目的每个状态，会对项目团队产生什么影响呢？

领域专家：项目完成和项目取消这样重大的事件，应该通知所有人员知道……

架构师：哦，我知道了，这和你们提到过的公告板功能有关……（得到了图 7-30。）

领域专家：这个系统必须能报告项目的进度状态，包括超前、正常、滞后。

架构师：……

领域专家：……

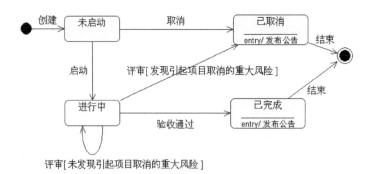

图 7-30　细化了进入状态将引起的业务动作

架构师：很好，我们的领域模型里已经有了时间点、工作量等概念（指着图 7-27 说），通过它们很容易实现计算项目进度状态的算法……（得到了图 7-31。）

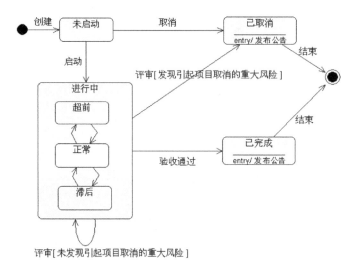

图 7-31　项目的"进行"状态其实包含不同子状态

7.4.5　PM Suite 领域建模实录（3）——可扩展性

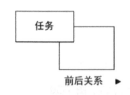

图 7-32　这个模型，对功能的扩展支持不佳

功能是领域建模的核心驱动力、也是领域模型评审和改进的驱动力。当然，这里的"功能"包括了未来可能出现的功能。

上面"建模实录"的讨论过程中，涉及了"前置任务"功能。但一旦对领域模型进行可扩展性评审，就会发现潜在问题。在功能方面，如果只需要支持"某任务结束之后另一任务才能开始"的关系，则如图 7-32 所示的模型就足够了。

但若将来需要支持如图 7-33 所示的更丰富的功能,上述模型就必须改进。因为这个领域模型只支持任务间的"结束-开始"关系,如果到了编程实现、部署上线之后"再说"的话,增加任务之间的"开始-开始"关系等 Feature 支持就没那么容易了:

- 数据库 Schema 要改,于是封装数据库 Schema 的代码(如 DAO)也要跟着改。
- 更糟的是,如果原来业务领域层暴露出来的接口必须改变的话,"通过抽象接口隔离变化"的松耦合意图就完全成了"空话"。

  ➢ 只支持任务的"结束-开始"关系时,只重视任务之间的一般的"前驱后继"关系即可,此时,接口类似这样,Task::SetPreTask(Task pre_task)。我们认为这个操作定义在 Task 中即可。

  ➢ 要全面支持"结束-开始"、"开始-开始"、"开始-结束"、"结束-结束"这 4 种任务依赖关系时,老接口显然不满足要求,要改为类似这样,TaskUtility::SetTaskDependingRelation(Task task_a, Task task_b, TaskDependingRelation dr)。最明显的,这个操作定义在 Task 中不合适了,笔者给的示例是定义在 TaskUtility 中。

  ➢ 抽象接口都要改,噩梦⋯⋯

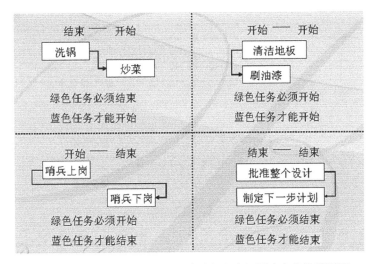

图 7-33 未来,PM Suite 很可能要支持任务之间更丰富的依赖关系

领域模型如何支持任务之间的"开始-开始"、"开始-结束"、"结束-结束"这 3 种关系呢?需要如图 7-34 所示的可扩展性更佳的设计。

再例如,基于 PM Suite 进行项目管理时,有的企业角色分得很细,有的企业角色划分笼统,我们作为 PM Suite 的设计者对这两类经典情况都要支持,这背后就是系统的可扩展性——角色可以自由定义吗?角色的新增定义能不影响其他功能的实现代码吗?⋯⋯

还有,如果有一天,客户要求,你的 PM Suite 支持"任务指派给个人"功能还不够,还要支持"任务指派给一个团队或部门"功能。这种功能出现的概率很高,因此领域模型里也要支持……

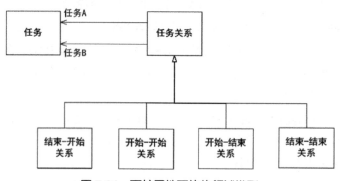

图 7-34 可扩展性更佳的领域模型

……借助上述"功能及潜在功能决定模型"的思路，我们的领域模型可以不断优化扩充。建模的中间成果，如图 7-35 所示。

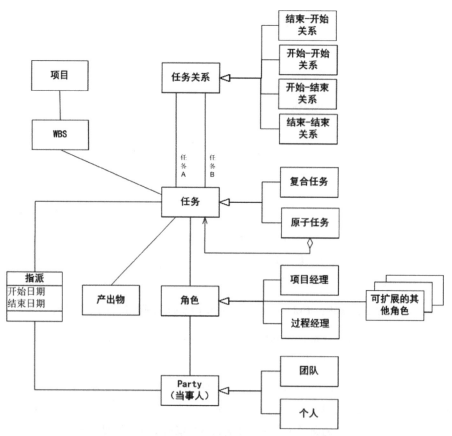

图 7-35 借助"功能及潜在功能决定模型"的思路不断优化扩充模型

第8章

确定关键需求

成为一名合格的架构师是每个开发者的梦想。成为合格架构师的难点在预见系统问题的思考方式。

—— **曾登高，CSDN 技术总监**

顶级设计者在设计中并不是按部就班地采用自顶向下（或者自底向上）的方法，而是着眼于权重更大的目标。这些目标通常是难点问题，设计者不能轻易地看出这些问题的解决方案。为了得到整个问题的设计方案，设计者必须先致力于难点的设计并消除其中的疑惑。

——Robert L. Glass，《软件工程的事实与谬误》

每向错误目标迈进一步，就离正确目标远了一步。软件设计也不例外。

面对或厚或薄、或稳定或易变、或严谨或错误连篇的《需求文档》，设计者应当如何确定真正影响、真正左右架构设计的关键需求呢？

围绕"设计目标如何确定"的话题，本章的讨论分 3 个层递进展开：

* 众说纷纭——什么决定了架构。
* 真知灼见——关键需求决定架构。
* 付诸行动——如何确定关键需求。

8.1 众说纷纭——什么决定了架构

业界，架构师稀缺，这和架构师比较难培养有关。这不，关于"什么决定了架构"就众说纷绘，让初学者无所适从，让修炼中的实践者"昨天明白，今天又糊涂了"。

梳理一下，各派的看法主要有三种。哪一种都有一定道理，但哪一种都不够准确全面。

- 用例驱动论。
- 质量决定论。
- 经验决定论

8.1.1　用例驱动论

很多人认为架构设计是用例驱动的，这里简称"用例驱动论"。

其实，"用例驱动的架构设计"这种观点有严重缺陷，3句话足以揭示这一点：

- 需求 ＝ 功能 ＋ 质量 ＋ 约束。
- 用例是功能需求实际上的标准。
- 用例涉及、但不能全面涵盖非功能需求。

认为用例完全足以驱动架构设计的朋友，一定反对上面我的"用例涉及、但不能全面涵盖非功能需求"这一说法。有一次，一位学员在听了我的培训之后发来邮件，就非常有代表性。他在邮件中说：

> 我个人认为，用例是完全有能力全面涵盖非功能需求的。在用例分析中，有一个重要的方面就是描述非功能需求。在 RUP 中，就是用关键（或重要）用例来驱动架构设计。用例分析中描述非功能需求方面不能全面涵盖的原因，我个人认为这不是用例技术本身的问题，而是架构师在进行用例分析时主观因素决定的。
>
> ADMEMS 矩阵能让人一目了然这些非功能需求（可能这样不太容易忽略一些内容），而用例分析中关于非功能需求的描述不太能做到这一点。

我回复他时，关于"用例涉及、但不能全面涵盖非功能需求"做了几点提示：

- 除了用例模型，RUP 自己还搞了个《补充规约》，为什么呢？
  ——因为要把用例没盖住的非功能需求放进去。
- 约束需求非常广泛，用例不可能包住。
  ——例如预算、工期、技术专利。
- 系统具有整体性，系统的质量属性不可能都映射到一个个功能。
  ——例如性能中的吞吐量、并发数。
- 用例是"面向用户"的，而很多非功能需求却不是。
  ——例如可修改性，开发者关心的后台算法便于修改啦、SDK 替换成新厂商的啦，用例中都不合适放。
  ——例如内存的某个 bit 坏了，如此这种，用例中也不合适放。

用例是个好技术，用例之风吹袭也"卷裹"着少数被夸大的观点。就是这样。

8.1.2　质量决定论

很多人认为架构设计是质量属性决定的，这里简称"质量决定论"。

一次，在广州，我到一个企业给他们培训。下课休息时，一位学员和我聊了起来，说书上说了"功能性在很大程度上是独立于结构"，是质量属性决定了架构，没功能什么事儿。此情此景，非常有代表性。

我笑了，说："你设计个'高性能'架构给我看看，至于功能需求还不知道，银行、电信、汽车电子都有可能。"

他也笑起来。嗯，质量属性再重要，也不能说明功能需求不重要不是。

我判断这位学员说的这本书是《软件构架实践》，学员说正是。书中说：

> 商业目的决定了系统架构必须满足的一些质量属性。这些质量属性是高于对系统功能（即对系统能力、服务和行为）的基本要求的。
>
> ……功能性和质量属性是正交的。
>
> ……在大量可能的结构中，可以通过使用任意一个结构来实现功能性。
>
> ……由此，功能性在很大程度上是独立于结构的。

对比而言，本书的观点是功能和架构是相互影响的、质量和架构也是相互影响的。最终，功能、质量和约束这三大类需求都影响架构设计，表 8-1 是"第 5 章　需求分析"中讨论过的"不同需求对架构设计的影响原理"的总结。

表 8-1　不同需求，影响架构的原理不同

需求	基本原理	对架构设计的影响
功能	功能是发现职责的依据。	• 每个功能都是由一条"职责协作链"完成的，架构师通过为功能规划职责协作链、将职责分配到子系统、为子系统界定接口、确定基于接口的交互机制，来推动架构设计的进行
质量	质量是完善架构设计的动力。	• （必须）基于当前的架构设计中间成功，进一步考虑具体质量要求，对架构设计中间成果进行细化、调整、甚至推倒重来，一步步使架构设计完善起来 • 质量和功能共同影响着架构设计，抛开功能、单依据质量要求设计架构是不可能的
约束	约束对架构设计的影响分为几类。	• 直接制约设计决策（例如"系统运行于 Unix 平台之上"）、 • 转化为功能需要的约束（例如"本银行系统执行现行利率"引出"利率调整"功能）、 • 转化为质量属性需求的约束（例如"柜员计算机平均水平不高"引出易用性需求）

8.1.3　经验决定论

很多人认为架构设计完全凭经验，这里简称"经验决定论"。

轻描淡写地一句"架构设计是一门艺术"，留给人无限的浮想联翩……

8.2　真知灼见——关键需求决定架构

8.2.1　"目标错误"比"遗漏需求"更糟糕

一个软件企业要赢利、要赚钱，合理控制成本必不可少。为此：

- 一要重视质量（这是做正确的事）。

  质量差的软件成本一定高——因为维护。所以，没有一家软企不提倡提高软件质量的。在此没有必要再赘述。

- 二要重视对质量（这是正确地做事）。

  引入了错误的质量目标，结果可能不会是锦上添花产品质量好上加好，而是为下面的设计凭添了障碍。因为架构设计是"分"与"合"的艺术——决定怎么切分怎么协作是最关键的。现在呢，为了错误的质量决定下来的"切分和协作"方式，阻碍了其他设计的引入，甚至这样的"切分和协作"方式本身就影响了危及真正需要的质量目标。所以一个设计方案，每向错误目标迈进一步，就可能离正确目标远一步。

架构设计时"确定关键需求"要一次做对！

8.2.2　关键需求决定架构，其余需求验证架构

什么决定了架构？要是让你必须在用例驱动论、质量决定论、经验决定论里三选一，不知你会不会郁闷到掷骰子——都有理但都不全啊！

关键需求决定架构。简直是醍醐灌顶！

- 软件架构师没有时间对"所有需求"进行深入分析，这是现实——大多数项目都面临项目工期的压力，软件架构师必须在一定的时间内定夺架构设计方案；否则，没有软件架构所提供的对技术的足够指导以及对分工协作的足够限制，后期的团队开发将面临巨大风险。

- 软件架构师没有必要对"所有需求"进行深入分析，这是策略——把大部分时间和精力花在对决定架构最重要的一部分需求上，更有效地进行设计，最终你设计出的软件架构的质量反而会更高；否则，所有需求的分析都不够深入，导致最终设计出的软件架构可能会流于形式。

关键需求决定架构，这里的"关键需求"横跨功能需求、质量属性，以及约束这三类需求

（如图 8-1 所示）。为便于读者理解这一点的重要性，和"用例驱动的架构设计"做个对比：如果只考虑"功能需求"来设计概念架构，将导致概念架构沦为"理想化架构"，这个脆弱的架构不久就会面临"大改"的压力，甚至直接导致投标等工作失败。

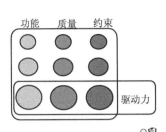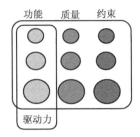

图 8-1　不同"架构决定因素"哲学的对比

其余需求可以用来验证架构，比如以架构方案评审的方式，从每项非关键需求的角度对架构方案进行走查。

8.3　付诸行动——如何确定关键需求

确定关键需求，架构师具体要做什么呢？

- 一方面，不同质量属性之间往往具有相互制约性，于是我们自然应该权衡哪一部分质量属性是架构设计的重点目标。
- 另一方面，功能需求数量众多，应该控制架构设计时需要详细分析的功能（或用例）的个数。

8.3.1　确定关键质量

为了确定对架构设计关键的质量属性需求，需要做如下三方面的工作：

- 考虑为了提高要开发的软件系统受认可的程度，应着重提高哪些方面的质量属性要求；
- 接下来，充分考虑这些质量属性的相互制约或相互促进关系，以调整不同质量属性的要求标准——例如，你可能会决定高性能要求最最重要，而可扩展性也比较重要；
- 同时，必须满足各种约束性需求。

确定关键质量时考虑质量属性之间的矛盾关系，例如，"互操作性"需求往往给"安全性"需求造成威胁，而为了满足"高性能"需求，往往需要使用特定平台的非标准能力，这势必影响了系统的"可移植性"，……，不一而足。于是，我们自然应该权衡哪一部分质量属性是架构设计的重点目标。图 8-2 所示为质量属性关系矩阵，任何一个"减号"都潜藏着风险。更进一步，架构师应确定关键质量的优先级，并在《架构文档》中明确记录此要求（读者在网上搜索"ADMEMS ＋ 文档模板"可下载 ADMEMS 方法推荐的《软件架构设计文档》模板）。

	性能	安全性	持续可用性	可互操作性	可靠性	鲁棒性	易用性	可测试性	可重用性	可维护性	可扩展性	可移植性	
性能				−	−	−	−			−	−	−	区域1
安全性	−			−									
持续可用性					+	+							
可互操作性	−	−									+	+	
可靠性	−		+			+	+	+		+			区域2
鲁棒性	−		+		+		+						
易用性	−					+		−					
可测试性	−		+		+		+			+	+		
可重用性	−	−		+	−					+	+	+	
可维护性	−		+		+				+		+		区域3
可扩展性	−				+				+	+		+	
可移植性	−			+			−	+	+	−	+		

图 8-2　质量属性关系矩阵（"＋"表示行促进列，"−"表示行影响列，
""表示行列两种质量属性之间影响不明显）

满足各种约束性需求，则考虑的范围非常广泛，需要关注从客户群、企业现状、未来发展、预算、立项、开发、运营、维护在内的整个软件生命周期涉及的种种因素。它们对架构设计的关键质量目标有很大影响，表 8-2 进行了归纳总结。

表 8-2　商业需求中可能的限制因素

约束因素分类	约束因素	对架构（特别是质量）的影响
经济因素	成本收益	• 预算多少会影响架构师对技术的选择 • 可重用性、可维护性、可移植性 • ……
	上市时间	• 重用程度、技术选型 • 通过采购模块或平台减少开发工作量 • ……
客户群	多国语言	• 架构对多国语言的支持 • ……
	移动与便携	• 支持哪些协议、哪些客户端 • 是否按产品线进行规划 • 可移植性 • ……
企业现状	遗留系统的集成	• 互操作性 • ……
	企业人员和部门分布	• 分布式系统架构 • 可维护性、安全性 • ……

续表

约束因素分类	约束因素	对架构（特别是质量）的影响
未来发展	期望的系统生存期	• 可伸缩性、可扩展性、可移植性 • ……
	阶段性计划	• 可重用性 • 可伸缩性、可扩展性、可移植性 • ……
其他因素	法律法规	• 可扩展性 • 可修改性、可维护性 • ……
	竞争对手	• 技术选择 • 易用性 • ……

8.3.2　确定关键功能

功能需求是大家最熟悉的一种需求。Karl E. Wiegers 在《软件需求（第 2 版）》中这样描述它：

> 功能需求（Functional Requirement）规定开发人员必须在产品中实现的软件功能，用户利用这些功能来完成任务，满足业务需求。功能需求有时也被称作行为需求（Behavioral Requirement），因为习惯上总是用"应该"对其进行描述："系统应该发送电子邮件来通知用户已接受其预定"。

而所谓对软件架构关键的功能需求，就是它涉及（或串起）的模块最多、协作方式最有代表性的功能需求。

- 任何功能需求，都是由一条特定的"模块协作链"完成的。控制权在模块协作链中来回传递，而功能需求就相当于串起不同模块的线索（如图 8-3 所示）。
- 毕竟，由于功能需求数量众多，其实会有很多功能需求的完成所涉及的"模块协作链"都非常相似。软件架构师通过分析少数关键的功能需求，往往就可以完成一般性的模块划分、职责分配、协作机制定义等和功能需求密切相关的架构设计工作。

如何确定关键功能需求呢？可通过如下 4 条启发规则，确定关键功能子集：

- 核心功能。
- 必做功能。
- 高风险功能。
- 独特功能（覆盖了上述 3 类功能没有涉及的职责）。

核心功能。识别"核心功能"，有个标志：业务层的接口要反映这些功能。例如，项目管理系统中，项目信息查看、添加项目任务等都是核心功能。

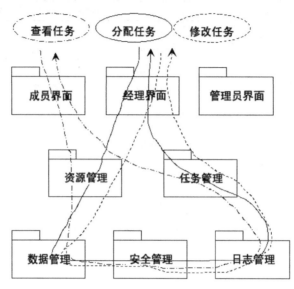

图 8-3   功能需求与模块协作链

必做功能。识别"必须实现的功能"主要依据客户方的背景。有没有技巧呢？有。我们一直强调架构师不应忽视系统的《愿景与范围文档》，这份文档描述了项目立项的真正源起，文档"项目愿景的解决方案"中"主要特征"往往应作为"必做功能"的备选项。另外，对于业务系统而言，一般支持"运营"的功能比支持"管理"的功能优先级要高。

高风险功能。基于务实考虑，还应该把"风险高的功能"选入关键功能子集。例如，你在设计一个网上书店系统，书籍的全库搜索功能就需要特别关注：

- 从用户角度讲，极慢的搜索速度、甚至直接收到"系统忙，请稍后再试"的提示，都是令人不满的；
- 从架构设计角度讲，此功能对书籍数据库进行"面状、只读"式的使用，和增加书籍、修改书籍信息等功能"点状、写入"式的数据库使用特点完全不同……尽早将全库搜索功能选入"高风险功能"之列，利于有针对性地进行架构设计。

独特功能。最后，看看还是否覆盖了"上述 3 类功能没有涉及的职责"的功能。例如，如果你设计类似"搜狗拼音"这样的输入法软件，"词库在线更新"功能就必然是对架构关键的功能，因为忽略了它就很难发现架构中负责和服务器交互的"互操作模块"。显然，"特殊功能"是相对上述 3 类功能而言的。

另外，架构师在确定关键功能子集时，还必须注意两点。

第一，"关键功能子集"的确定并不存在"标准答案"。

只要能较好地覆盖组成架构的不同职责模块，并体现职责模块之间协作关系的特点（有经验的架构师不会放过后者），那么"关键功能子集"的价值也就体现了。在为企业做架构内训时，曾有学员问：能不能做到"关键功能子集保证覆盖了所有职责模块"呢？我笑了。第一，覆盖情况只有到了系统基本开发完毕之后才能做"事后证明"，"事前证明"是不可能的。第二，为什么架构师的经验很重要呢，确定"关键需求"靠的就是经验，目的是用有限的时间针对关键需求把设计做到位、并减小需求变更对架构设计的影响。

第二，值得专门说明的还有"关键功能所占比例"的问题。

有些专家认为比例大致是固定的，例如，Per Kroll 和 Philippe Kruchten 在《Rational 统一过程：实践者指南》中写道：

> 在初始阶段，应该确定出一些（大概占总数的 20%至 30%）对系统起关键作用的用例。这些用例通常对创建架构具有重要影响。

其实，"关键功能所占比例"不可能有一刀切的标准。例如，你要为一个只有 5 个功能的系统做架构设计（存在大量这样的系统：它们在计算、通信、数据访问等方面有很高的复杂性，但功能的数量不多），选择 20%的关键功能将意味着关键功能只有一个，这显然是不合适的。所以，"关键功能所占比例"应灵活确定：功能少的系统比例高些，功能多的系统比例少些。

8.4 实际应用（6）——小系统与大系统的架构分水岭

架构选型靠什么？

完全靠"拿来主义"行不行？

领域相同、但规模不同的软件系统，它们的架构是相同、还是不同？

这些都是有意义的问题。毕竟，每个领域的软件都有领导者，其他厂商都"盯"着呢。但令我们时常困惑的是：要不要照搬领导者的产品架构？小系统抄大系统的架构，合不合适？

本节围绕 PM Suite 贯穿案例、稍作延伸，说明小系统和大系统的架构设计之所以不同，归根溯源是由于架构要支撑的"关键需求"不同造成的。整个架构设计过程中的"确定关键需求"这一环节，可谓小系统和大系统架构设计的"分水岭"，架构设计走向从此大不同。

8.4.1 架构师的"拿来主义"困惑

设计架构，难。

把架构设计好，更难。

明明白白地把架构设计好，难上加难。

架构师小李，设计架构时经常是"拿来主义"，但他也有困惑。现在，小李要为"项目管理系统"设计架构，他的困惑是支不支持集成？如何支持集成？

如图 8-4 所示的架构，不支持集成，把项目管理系统设计成一个纯 B/S 的 Web 应用。

如图 8-5 所示的架构，支持集成，设计方式是针对要集成的那些系统分别做些定制开发。这种方式，显然集成开发工作量比较大——随着要集成的系统数量增加而增加。

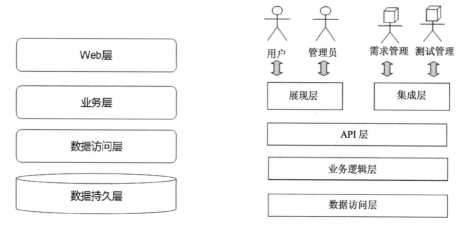

图 8-4　架构 1：一个不支持集成的 B/S 架构　图 8-5　架构 2：针对要集成的那些系统分别做些定制开发

如图 8-6 所示的架构来自 IBM，小李想，是不是能模仿 IBM 的 Jazz 平台，他领导兄弟们开发一个本公司的集成平台，只要遇到本公司产品要和外公司产品集成时就通过集成平台、间接集成、集成开发工作量最小。越想越美。

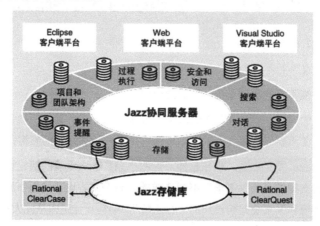

图 8-6　架构 3：基于平台，整合项目管理、需求管理等工具（图片来源：IBM）

小李构想着、也困惑着……

8.4.2　场景 1：小型 PMIS（项目型 ISV 背景）

如果小李他们公司以做项目为主，项目规模都不算太大，他要首先问自己：

- 要研发的这个"项目管理系统"是部门级应用、企业级应用，还是集团级应用？
- 这个系统的需求范围是什么？
- 我要做哪些需求的权衡取舍？

总之，小李要首先确定影响架构设计的"关键需求"有哪些，因为这是架构选型的依据。如表 8-3 所示，小李分析得有板有眼。

表 8-3　小型 PMIS（项目型 ISV 背景）的关键需求分析

项　　目		内　　容
背景	系统定位	• 要做一个 PMIS（项目管理信息系统），是部门级应用，供客户某部门的几十号人使用 • ……
	需求范围	
关键需求	关键功能	• 制定项目计划 • 分配项目任务 • 跟踪项目进度 • ……
	关键质量	• 运行期质量： • 易用性 • 维护简单（小李想 B/S 架构呀） • 开发期质量： • 控制成本（选择团队熟悉的开发技术是小李的首选） • ……

8.4.3　场景 2：大型 PM Suite（产品型 ISV 背景）

如果小李他们公司是产品型公司，这个项目管理系统也是要做成产品，小李梳理之后就会发现影响架构设计的"关键需求"又有所不同。

本书多次讲到的贯穿案例 PM Suite，就是这样一个大型产品，小李是这样梳理关键需求的（如表 8-4 所示）。

表 8-4　大型 PM Suite（产品型 ISV 背景）的关键需求分析

项　　目		内　　容
背景	系统定位	• 构建统一的、集成的项目管理平台，能够与日常项目管理活动及软件工程活动有机结合，与现有系统无缝整合 • 提高组织级项目管控力 • 提高项目级管理水平 • 促进项目和产品研发管理最佳实践的提炼、推行、持续积累和可控创新 • ……

139

续表

项 目		内 容
关键需求	需求范围	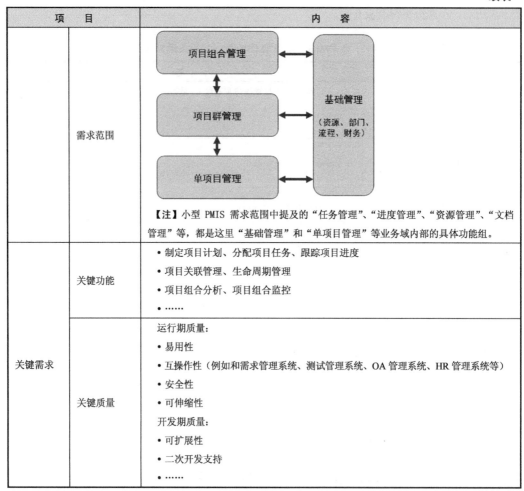 【注】小型 PMIS 需求范围中提及的"任务管理"、"进度管理"、"资源管理"、"文档管理"等，都是这里"基础管理"和"单项目管理"等业务域内部的具体功能组。
	关键功能	• 制定项目计划、分配项目任务、跟踪项目进度 • 项目关联管理、生命周期管理 • 项目组合分析、项目组合监控 • ……
	关键质量	运行期质量： • 易用性 • 互操作性（例如和需求管理系统、测试管理系统、OA 管理系统、HR 管理系统等） • 安全性 • 可伸缩性 开发期质量： • 可扩展性 • 二次开发支持 • ……

8.4.4 场景3：多个自主产品组成的方案（例如IBM）

如果 Lee Sir 是 IBM 负责 ALM（Application Lifecycle Management）产品线的架构负责人，他还是要首先确定影响架构设计的"关键需求"有哪些，如表 8-5 所示。

表 8-5 多个自主产品组成的"ALM 方案"的关键需求分析

项 目		内 容
背景	系统定位	• 覆盖应用软件生命周期的集成化 ALM 解决方案，包含从系统分析、建模设计到构建、测试、维护、发布的全过程 • 为用户、分析人员、建模人员、程序员、测试人员及管理者等不同角色提供相应功能，并将不同角色功能有效集成，促进提高质量、降低费用、缩短维护时间、最大限度地利用资源 • 支持 CMM 等各种过程标准，协助软件企业进入更高的 CMM 评估等级 • ……

续表

项　　目	内　　容
需求范围	 【注】图片来自 Borland ALM 材料 （Micro Focus 于 2009 年收购了 Borland 公司）
关键需求　关键功能	作为整合方案： • 支持全球化和跨地域团队开发 • …… 【注】整合方案包含 N 个具体系统，明确的关键功能在"具体系统级"考虑
关键质量	作为整合方案： • 组成方案的各产品可独立开发 • 定制方案时，各系统可自由组合、无缝集成 • 开放性，支持第三方（例如 IBM 支持 HP、MS）需求管理系统、测试管理系统、OA 管理系统等的整合 • ……

8.4.5 "拿来主义"虽好，但要合适才行

对于经常靠"拿来主义"进行架构设计的小李而言，没有比上述"对比式"分析过程更能"促其设计能力提高"的了。小李一总结，挺有收获。

> 架构设计只有合适，没有最好。
> 无视条件差异照抄架构，危险。

现在，负责为"项目管理系统"设计架构的小李，已经不再困惑了。关于"支不支持集成、如何支持集成"，他已心中有数。如表 8-6 所示。

表8-6　小李的对比分析、架构选型

项　　目		小 系 统	大 系 统	
背景	客户意图	部门级应用	企业级应用或集团级应用	
	开发商特点	项目型 ISV	产品型 ISV	类似 IBM 的企业
	需求范围	……	……	……
需求权衡	关键需求	开发成本优先	开发、集成成本兼顾	集成成本优先
	需求折衷	放弃集成需求	同上	接受前期开发成本大
架构选型	集成	无集成	通过个性化开发 将第三方产品集成进来	建立 ALM 集成标准 开发企业的集成平台
	集成技术选型依据	无此需求	让第三方修改已上线系统的代码集成你？不现实	自主产品的新版本改为基于集成平台集成
	参考架构			
	最终架构	……	……	……

第 9 章

概念架构设计

概念架构是一个"架构设计阶段"，……针对重大需求、特色需求、高风险需求，形成稳定的高层架构设计成果。

—— 温昱，《一线架构师实践指南》

架构被用做销售手段，而不是技术蓝图，这屡见不鲜。(Too often, architectures are used as sales tools rather than technical blueprints.)

——Thomas J Mowbray，*"What is Architecture"*

概念架构是直指系统目标的设计思想、重大选择，因而非常重要。《方案建议书》《技术白皮书》和市场彩页中，都有它的身影，以说明产品/项目/方案的技术优势。也因此，有人称它为"市场架构"。

大量软件企业，招聘系统架构师（SA）、系统工程师（SE）、技术经理、售前技术顾问、方案经理时，职位能力中其实都包含了对"概念架构设计能力"的要求。例如：

- 系统架构师（SA）。(1) 软件总体设计、开发及相关设计文档编写；(2) 关键技术和算法设计研究；(3) 系统及技术解决方案设计，软件总体架构的搭建；(4) 通信协议设计制定、跟踪研究；……

- 系统工程师（SE）。产品需求分析；产品系统设计；技术问题攻关；解决方案的输出和重点客户引导；指导开发工程师对产品需求进行开发……

- 技术经理。负责公司系统的架构设计，承担从业务向技术转换的桥梁作用；协助项目经理制定项目计划和项目进度控制；辅助需求分析师开展需求分析、需求文档编写工作；……

- 售前技术顾问。1）负责支持大客户解决方案和能力售前咨询工作；2）完成项目售前阶段的客户调研、需求分析和方案制定、协调交付部门完成 POC 或 Demo；3）参与答标，负责标书澄清；4）参与项目项目前期或高层架构设计，根据需要完成项目的系统设计相关工作；……
- 解决方案经理。解决方案提炼与推广；现场售前技术支持，如市场策划、方案编写，售前交流等；为前端市场人员提供投标支持、投标方案（技术、配置）编制或审核；……

既然概念架构这么重要，本章就专门讲述：

- 概念架构"是什么"？
- 概念架构"长什么样"？（案例分析）
- 概念架构"怎么设计"？

9.1 概念架构是什么

9.1.1 概念架构是直指目标的设计思想、重大选择

概念架构，英文是 Conceptual Architecture。至于概念架构的定义，Dana Bredemeyer 等专家是这么阐释的：

概念架构界定系统的高层组件、以及它们之间的关系。概念架构意在对系统进行适当分解、而不陷入细节。借此，可以与管理人员、市场人员、用户等非技术人员交流架构。概念架构规定了每个组件的非正式规约、以及架构图，但不涉及接口细节。（The Conceptual Architecture identifies the high-level components of the system, and the relationships among them. Its purpose is to direct attention at an appropriate decomposition of the system without delving into details. Moreover, it provides a useful vehicle for communicating the architecture to non-technical audiences, such as management, marketing, and users. It consists of the Architecture Diagram (without interface detail) and an informal component specification for each component.）

根据上述定义，我们注意到如下几点：

- 概念架构满足"架构 = 组件 + 交互"的基本定义，只不过概念架构仅关注高层组件（high-level components）。
- 概念架构对高层组件的"职责"进行了笼统的界定（informal specification），并给出了高层组件之间的相互关系（Architecture Diagram）。
- 而且，必须地，概念架构不应涉及接口细节（without interface detail）。

上述定义从实践来看并不令人满意。讲课时，笔者这样给概念架构下定义：

 概念架构是直指目标的设计思想、重大选择。

结合案例来理解。

9.1.2 案例 1：汽车电子 AUTOSAR——跨平台复用

嵌入式系统的应用覆盖航空航天、轨道交通、汽车电子、消费电子、网络通信、数字家电、工业控制、仪器仪表、智能 IC 卡、国防军事等众多领域。

中国汽车产业及市场受到全球半导体产业的关注，中国汽车电子市场飞速发展已成趋势。2009 年，中国成为世界第一汽车生产大国。2010 年，中国汽车产销超过 1800 万辆。汽车电子嵌入式软件架构的标准化是汽车行业不可阻挡的发展趋势，目前比较著名的标准有 OSEK/VDX 和 AUTOSAR 标准等。

AUTOSAR 即 AUTomotive Open System Architecture（汽车开放系统架构），旨在推动建立汽车电气/电子（E/E）架构的开放式标准，使其成为汽车嵌入式应用功能管理的基础架构，如图 9-1 所示。该组织的会员企业横跨汽车、电子和软件等行业，包括宝马（MW）、博世（Bosch）、Continental、戴姆勒克莱斯勒、福特、通用汽车、标致雪铁龙（PSA）、西门子（VDO）、丰田和大众（Volkswagen）。

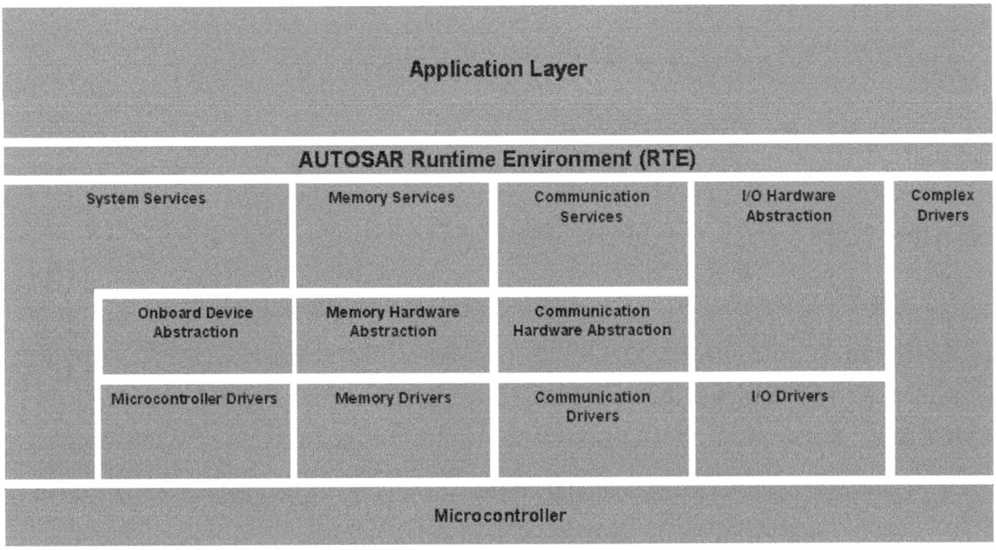

图 9-1 AUTOSAR 软件架构层次图

先说"直指目标"

汽车电子是车体电子控制装置和车载电子控制装置的总称。车体汽车电子控制装置，包括发动机控制系统、底盘控制系统和车身电子控制系统（车身电子 ECU）。用传感器、微处理器 MPU、执行器、数十甚至上百个电子元器件及其零部件组成的电控系统，不断提高着汽车的安全性、舒适性、经济性和娱乐性。

AUTOSAR 必须应对，当前汽车电子系统越来越复杂的趋势。以中级车为例，国内的中级车大概是 10~20 个 ECU，国外的可能超过了 40 个。顶级车型的 ECU 数量甚至超过 70 个。汽车产业链中的众多厂商日益发现，兼容性差、重用性差的问题已经影响到企业利益乃至整个行业的技术创新……其实，兼容性差、重用性差，也给用户带来不便，《中国电子报》上就讲了这么一件事儿：

> 同事老王前段时间很郁闷，他买的车故障诊断器坏了，需要换一个，可他跑了几家 4S 店，都没有他这一型号的故障诊断器。4S 店的工作人员告诉他，因为故障诊断器有多家供应商，他们不可能把所有的故障诊断器都进货，而且故障诊断器要与汽车电子控制单元中基础软件当中的故障诊断程序相通，虽然他们也与供应商谈过，不过他们都不愿统一，这需要整车厂去协调。

简要提炼出"兼容性差、重用性差"产生的大背景：

- 一方面，现代汽车电子系统从单一控制发展到多变量多任务协调控制、软件越来越庞大、越来越复杂；
- 另一方面，汽车功能创新不断、多样化差异化加剧，给汽车电子系统的研发提出更多创新、定制、快速上市的研发要求。

在这样的大背景下，AUTOSAR 架构"直指"的目标就是：

- 能够跨平台、跨产品复用软件模块；
- 避免不同产品之间的代码复制、反复开发和版本增殖问题。

再看"设计思想"

为了实现跨平台复用的目标，AUTOSAR 采用的关键设计思想是什么呢？

关键设计思想之一是应用层、服务层、ECU 抽象层、微控制器抽象层的分离，如图 9-2 所示。这样一来，控制器硬件相关部分、ECU 硬件相关部分、硬件无关部分被分开了，利于重用。从下层到上层：

- 微控制器抽象层（Microcontroller Abstraction Layer）包括与微控制器相关的驱动，封装微控制器的控制细节，使得上层模块独立于微控制器。
- ECU 抽象层（ECU Abstraction Layer）将 ECU 结构进行抽象、封装。该层的实现与

ECU 硬件相关，但与控制器无关。

- 服务层（Services Layer）提供包括网络服务、存储服务、操作系统服务、汽车网络通信和管理服务、诊断服务和 ECU 状态管理等相关的系统服务。除操作系统外，服务层的软件模块都是与平台无关的。

- 应用层（Application Layer）包括各种应用程序，与硬件无关。

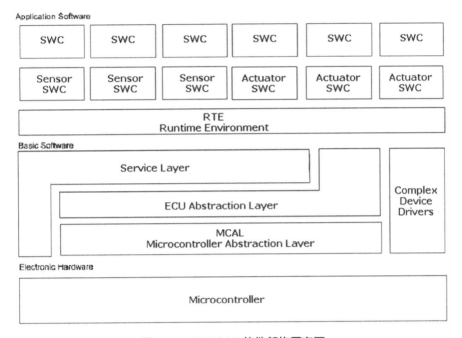

图 9-2　AUTOSAR 软件架构层次图

关键设计思想之二是 RTE。

如果没有 RTE（Runtime Environment），不同软件构件的创建、销毁、服务调用、数据传递等处理都由构件自身直接负责，不仅增加了复杂性，还使构件之间相互耦合，难以灵活替换和重用。例如，构件 A 需要调用构件 B、C、D、E、F，如果要求构件 A 硬编码来创建 B、C、D、E、F 就太烦了，而且在每个构件都可能调用一堆其他构件时，这种"直接创建和销毁"的方式显然是不可行的。

如图 9-3 所示，AUTOSAR 采用了构件化思想，RTE 的本质就是构件运行环境。具体而言，RTE 负责 3 件事：

- 构件生命周期管理（上面讨论的构件的创建、销毁问题有"人"管了）。
- 构件运行管理。
- 构件通信管理。

至此，RTE 层之下的基础软件对于应用层来说就不可见了。实际上，AUTOSAR 还提供相关接口的标准定义、元数据配置等手段，进一步支撑起"在标准上合作，在实现上竞争"的产业链原则。

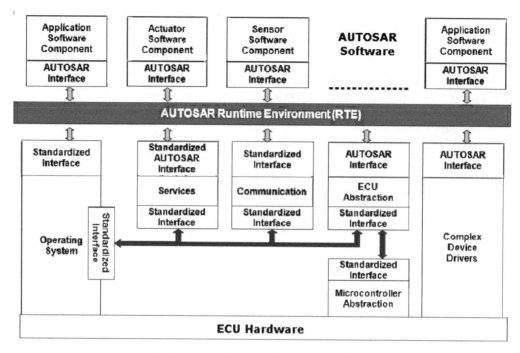

图 9-3　RTE 是 AUTOSAR 的关键设计

第三，AUTOSAR 架构包含（和隐含）了哪些"重大选择"呢？

在集中式、分布式上，AUTOSAR 选择了分布式架构。

集中式架构所有车身电器由一个控制器控制，缺点明显：

- 控制状态复杂、容易出错、可靠性差。
- 重用性差、新产品开发周期长。
- 不同产品之间的代码复制、反复开发和版本增殖问题。

分布式架构通过各个子系统交互来控制整车（如图 9-4 所示），优点有：

- 配置灵活、扩展方便、易于支持各种丰富功能。
- 单个子系统可靠性高、重用性好。

AUTOSAR 架构中的另一个选择也很有意义——复杂设备驱动（如图 9-5 所示）。

复杂设备驱动（Complex Device Driver, CDD）的设计选择的是"一体化"甚至"一锅粥"的设计，而没有采用"服务层—ECU 抽象层—微控制器抽象层"的"层次化"设计。显然，这种设计明显带有折衷的性质，但相当明智！究其原因，在 AUTOSAR 标准中复杂设备驱动模块可以直接访问 ECU 基础软件和微控制器硬件，也可以集成 AUTOSAR 标准中未定义的微控制器接口，以便处理对复杂传感器和执行器进行操作时涉及的严格时序问题。（好熟悉的设计思想！让人不由想起了微软的 DirectX 架构。）

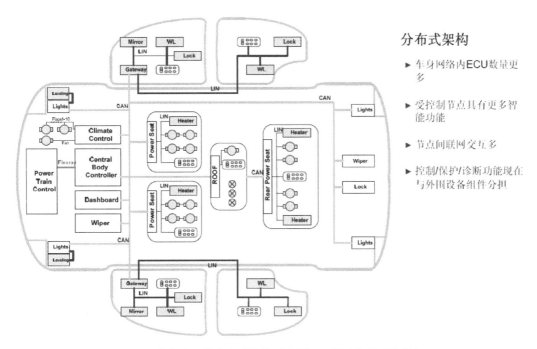

分布式架构

▶ 车身网络内ECU数量更多

▶ 受控制节点具有更多智能功能

▶ 节点间联网交互多

▶ 控制/保护/诊断功能现在与外围设备组件分担

图 9-4　汽车电子的分布式架构（来源：飞思卡尔技术资料）

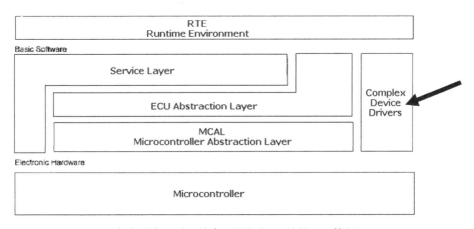

图 9-5　复杂设备驱动：放弃"层次化"，选择"一体化"

9.1.3　案例 2：腾讯 QQvideo 架构——高性能

架构设计中充满了选择，概念架构要做重大选择。

如果你是一个 Web 系统的架构师，你会选择"水平分层 + 统一管理各类资源"这种设计呢，还是选择"不同功能垂直分离 + 资源分别对待"这种设计呢？

腾讯 QQvideo 架构，选择的是后者，如图 9-6 所示。

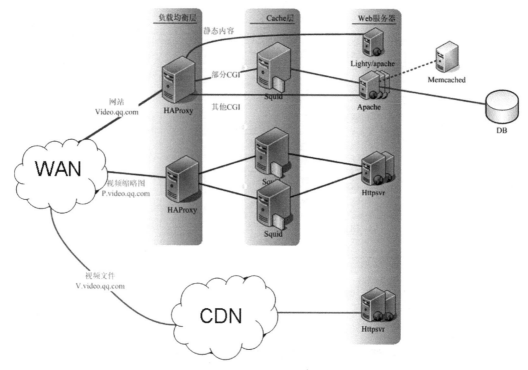

图 9-6　QQvideo Web 架构图（图片来源：腾讯大讲堂 http://djt.open.qq.com）

　　既然是概念架构举例，我们就"抠"一下定义（概念架构是直指系统目标的设计思想、重大选择）：

- 　直指目标：高性能（以及和高性能密切相关的可伸缩性）。
- 　设计思想：不同功能垂直分离。
  - ➢ 针对视频、视频缩略图、静态 Web 内容、动态 Web 内容，分别对待。
- 　重大选择：首先垂直划分系统，而不是水平分层。

9.1.4　案例 3：微软 MFC 架构——简化开发

　　平台和应用，是互补品的关系。

　　微软一直以来都非常重视对开发者的支持，就是希望更多的个人和公司在 Windows 平台上开发应用系统。Windows 平台上的互补应用产品越丰富，就越能吸引和"拴住"用户。

　　MFC（Microsoft Foundation Classes）是微软较早时推出的 Application Framework，至今仍有比较广泛应用。图 9-7 所示为微软 MFC 的概念架构。

- 　直指目标：提供比"使用 Win32 API"更方便的应用开发支持。
- 　设计思想：应用支持层 + 抽象引入层 + Win32 封装层。
- 　重大选择：微软放弃了此前的 AFX 设计（AFX 失败了），转而采用首先"封装 Win32

API"的策略，更务实、更有可能成功。

图 9-7 微软 MFC 概念架构

9.1.5 总结

架构师是设计的行家里手，有很多思想。但只有设计思想与目标联系时，才可能取得成效。

概念架构，就是直指系统设计目标的设计思想和重大选择——是关乎任何复杂系统成败的最关键的、指向性的设计。概念架构贵在有针对性，"直指目标"、"设计思想"和"重大选择"是它的三大特征。

你是否意识到，你在实际工作中已多次接触过概念架构了呢：

- 你作为架构师，设计大中型系统的架构时，会先对比分析几种可能的概念架构。
- 看看竞争对手的产品彩页，上面印的架构图，还是概念架构。
- 如果你是售前，你又提到架构，这也是概念架构。
- 如果你去投标，你讲的架构，就是概念架构。

9.2 概念架构设计概述

9.2.1 "关键需求"进，"概念架构"出

有经验的架构师知道，花精力去明确对架构设计影响重大的关键需求非常值得。本书前面几章的内容做到了这一点（如图 9-8 所示）：

- 第 5 章，讲需求分析。
- 第 6 章，又专门讨论了用例技术。
- 第 7 章，讲领域建模。
- 第 8 章，讲如何确定关键需求。

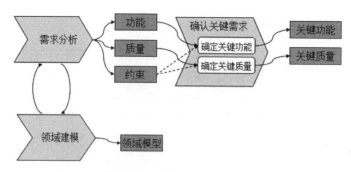

图 9-8 需求分析、领域建模和确定关键需求

明确了关键需求，接下来要设计概念架构——就是以"关键需求"为目标，明确设计思想，进行重大设计选择。概括而言，概念架构设计过程是个"关键需求进，概念架构出"的过程，如图 9-9 所示。

- 针对关键功能，运用鲁棒图进行设计（本章第 3 节讲解）；
- 针对关键质量，运用目标—场景—决策表设计（本章第 4 节讲解）。

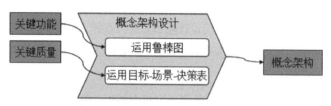

图 9-9 "关键需求"进，"概念架构"出

9.2.2 概念架构≠理想化架构

实际工作当中，单纯采用功能需求驱动的方式，未免太理想化了，会造成"概念架构 = 理想化架构"的错误。

所谓理想化架构，就是一门儿心思只考虑功能需求、不考虑非功能需求而设计出来的架构。例如，总是忽略硬件限制、带宽限制、专利限制、使用环境、网络攻击、系统整合、平台兼容等现实存在的各种约束性需求，这样设计出来的概念架构后期可能需要大改。

9.2.3 概念架构≠细化架构

概念架构一级的设计更重视"找对路子"，它往往是战略而不是战术，它比较策略化而未必全面，它比较强调重点机制的确定而不一定非常完整。所以，概念架构≠细化架构。

概念架构是对系统设计的最初构想，但绝对不是无关紧要的。相反，一个软件产品与竞争对手在架构上的不同，其实在概念架构设计时就大局已定了。

概念架构设计中，不关注明确的接口定义；之后，才是"模块 + 接口"一级的设计。对大型系统而言，这一点恰恰是必需的。总结起来，"概念架构≠细化架构"涉及了开发人员最为关心的多项工作：

- **接口**。在细化架构中，应当给出接口的明确定义；而概念架构中即使识别出了接口，也没有接口的明确定义；

- **模块**。细化架构重视通过模块来分割整个系统，并且模块往往有明确的接口；而概念架构中只有抽象的组件，这些组件没有接口只有职责，一般是处理组件、数据组件或连接组件中的一种；

- **交互机制**。细化架构中的交互机制应是"实在"的，如基于接口编程、消息机制或远程方法调用等；而概念架构中的交互机制是"概念化"的，例如"A 层使用 B 层的服务"就是典型的例子，这里的"使用"在细化架构中可能是基于接口编程、消息机制或远程方法调用等其中的任一种。

- **因此，概念架构是不可直接实现的**。开发人员拿到概念架构设计方案，依然无法开始具体的开发工作。从概念架构到细化架构，要运用很多具体的设计技术，开发出能够为具体开发提供更多指导和限制的细化架构。

9.3 左手功能——概念架构设计（上）

如前所述，概念架构设计环节的输入，一是关键功能、二是关键质量。形象地说，叫左手功能、右手质量，两手抓，两手都要硬。

9.3.1 什么样的鸿沟，架什么样的桥

需求和设计之间存在一道无形的鸿沟，因此很多人会在需求分析之后卡壳，不知道怎么做了。

先说功能需求。使用用例规约等技术描述功能，可以阐明待开发系统的使用方法，但并没有以类、包、组件、子系统等元素形式描述系统的内部结构。从用例规约向这些设计概念过渡之所以困难，是因为：

- 用例是面向问题域的，设计是面向机器域的，这两个"空间"之间存在映射；

- 用例技术本身不是面向对象的，而设计应该是面向对象的，这是两种不同的思维方式；

- 用例规约采用自然语言描述，而设计采用形式化的模型描述，描述手段也不同。

越过从功能需求到设计的鸿沟，需要搭桥。这"桥"就是下面一节要讲的鲁棒图建模技术。

9.3.2 鲁棒图"是什么"

鲁棒图（Robustness Diagram）是由 Ivar Jacobson 于 1991 年发明的，用以回答"每个用例需要哪些对象"的问题。后来的 UML 并没有将鲁棒图列入 UML 标准，而是作为 UML 版型（Stereotype）进行支持。对于 RUP、ICONIX 等过程，鲁棒图都是重要的支撑技术。当然，这些过程反过来也促进了鲁棒图技术的传播。

为什么叫"鲁棒"图？它和"鲁棒性"有什么关系？

答案是：词汇相同，含义不同。

软件系统的"鲁棒性（Robustness）"也经常被翻译成"健壮性"，同时它和"容错性（Fault Tolerance）"含义相同。具体而言，鲁棒性指当如下情况发生依然正确运行功能的能力：非法输入数据、软硬件单元出现故障、未预料到的操作情况。例如，若机器死机，"本字处理软件"下次启动应能恢复死机前 5 分钟的编辑内容。再例如，"本 3D 渲染引擎"遇到图形参数丢失的情况，应能够以默认值方式呈现，从而将程序崩溃的危险减为渲染不正常的危险。

而"鲁棒图（Robustness Diagram）"的作用，除了初步设计之外，就是检查用例规约是否正确和完善了。"鲁棒图"正是因为后者检查的作用，而得其名的——所以"鲁棒图（Robustness Diagram）"严格来讲所指不是"鲁棒性（Robustness）"。

9.3.3 鲁棒图"画什么"

鲁棒图包含 3 种元素（如图 9-10 所示），它们分别是边界对象、控制对象、实体对象：

- 边界对象对模拟外部环境和未来系统之间的【交互】进行建模。边界对象负责接收外部输入、处理内部内容的解释、并表达或传递相应的结果。
- 控制对象对【行为】进行封装，描述用例中事件流的控制行为。
- 实体对象对【信息】进行描述，它往往来自领域概念，和领域模型中的对象有良好的对应关系。

整个系统，会涉及很多用例。每个用例（Use Case）＝N 个场景（Scenario）。每个场景（可能是正常场景、也可能是各种意外场景），其实现都是一串职责的协作。实践中，经常是从一个个用例规约等功能需求描述着手，基于鲁棒图建模技术，不断发现场景背后应该有哪些不同的职责（如图 9-11 所示）。

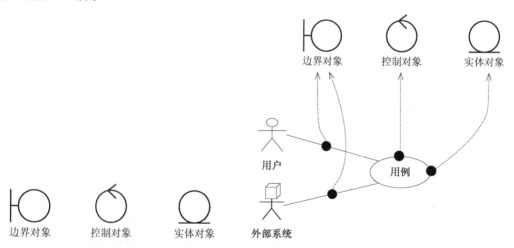

图 9-10　鲁棒图的元素　　　　　图 9-11　研究用例，进行鲁棒图建模

也就是说，研究功能如何和外部 Actor 交互而发现边界对象，研究功能实现需要的行为而发现控制对象，研究实现功能所需的必要信息而发现实体对象。这种从功能需求到基本设计元素（交互、行为、信息）的思维过程非常直观，抹平了从需求到设计"关山难越"的问题（如图 9-12 所示）。

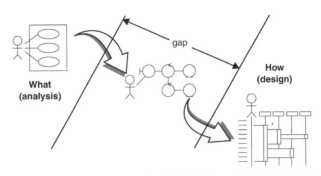

图 9-12　鲁棒图的"桥梁"作用（图片来源:《UML 用例驱动对象建模》）

图 9-13 进一步具体化了边界对象、控制对象和实体对象所能覆盖的交互、行为和信息这三种职责，实践中可多应用多体会。另外就是要强调，鲁棒图 3 元素和 MVC 还是有不小差异的，实践中勿简单等同:

- View 仅涵盖了"用户界面"元素的抽象，而鲁棒图的边界对象全面涵盖了三种交互，即本系统和外部"人"的交互、本系统和外部"系统"的交互、本系统和外部"设备"的交互;

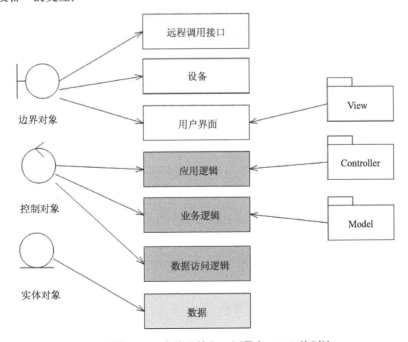

图 9-13　鲁棒图 3 元素的具体化，以及与 MVC 的对比

- 数据访问逻辑是 Controller 吗？不是。控制对象广泛涵盖了应用逻辑、业务逻辑、数据访问逻辑的抽象，而 MVC 的 Controller 主要对应于应用逻辑；
- MVC 的 Model 对应于经典的业务逻辑部分，而鲁棒图的实体对象更像"数据"的代名词——用实体对象建模的数据既可以是持久化的，也可以仅存在于内存中，并不像有的实践者理解的那样，直接就等同于持久化对象。

9.3.4 鲁棒图"怎么画"

图 9-14 所示，是银行储蓄系统的"销户"功能的鲁棒图。为了实现销户，银行工作人员要访问 3 个"边界对象"：

- 活期账户销户界面。
- 磁条读取设备。
- 打印设备。

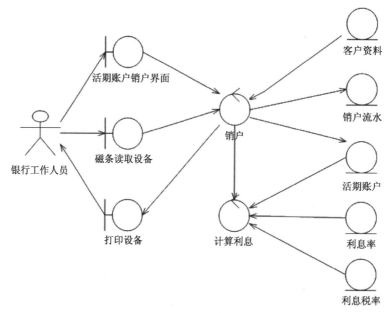

图 9-14 "销户"的鲁棒图

图中的"销户"是一个控制对象，和另一个控制对象"计算利息"一起进行销户功能的逻辑控制。

- 其中，"计算利息"对"活期账户"、"利息率"、"利息税率"这 3 个"实体对象"进行读取操作。
- 而"销户"负责读出"客户资料"……最终销户的完成意味着写"活期账户"和"销户流水"信息。

由此例，还想请大家体会另一点实践要领，即"初步设计不应关注细节"：

- "活期账户销户界面"，具体可能是对话框、Web 页面、字符终端界面，但鲁棒图中没有关心此细节问题。

- "客户资料"等实体对象，需要持久化吗？不关心，更不关心用 Table 还是用 File 或其他方式持久化。

- 每个对象，只标识对象名，都未识别其属性和方法。

- 而且，鲁棒图中无需（也不应该）标识控制流的严格顺序。

画鲁棒图的一个关键技巧是"增量建模"。在笔者的培训课上，有大约一半的学员训练前感叹"建模难"。具体到鲁棒图建模，专门训练了"增量建模"技巧之后，大家颇为感慨——建模技巧的核心是思维方式，掌握符合思维规律的建模技巧可以大大提高实际建模能力。

举网上书店系统这个例子，如果网上书店的搜索功能不易用、速度慢，一定会招致很多抱怨。下面请大家和我一起来为"按作者名搜索图书"功能运用增量建模技巧进行鲁棒图建模。

首先，识别最"明显"的职责。对，就是"你自己"认为最明显的那几个职责——不要认为设计和建模有严格的标准答案。如图 9-15 所示，所谓搜索功能，就是最终在"结果界面"这个边界对象上显示"Search Result 信息"。"你"认为"获得搜索结果"是最重要的控制对象，它的输入是"作者名字"这个实体对象，它的输出是"Search Result 信息"这个实体对象。

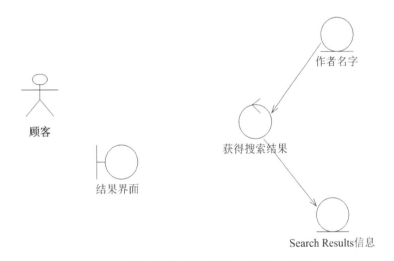

图 9-15　增量建模：先识别最"明显"的职责

接下来，开始考虑职责间的关系，并发现新职责。嗯，"获得搜索结果"这个控制对象，要想生成"Search Result 信息"这个实体对象，除了"作者名字"这个已发现的实体对象，还要有另外的输入才行，"你"想到了两种设计方式（如图 9-16 所示）：

- 引入"图书信息"实体对象。

- 或者，将"书目信息"和"图书详细信息"分开，前者的结构要专为快速检索而设计以提高性能……本章稍后利用"目标—场景—决策表"将更清晰地讨论高性能设计。

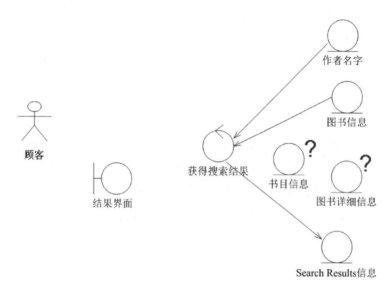

图 9-16　增量建模：开始考虑职责间关系，并发现新职责

继续同样的思维方式。图 9-17 的鲁棒图中间成果，又引入了"显示搜索结果"控制对象，顾客终于可以从边界对象"结果界面"上看到结果了。

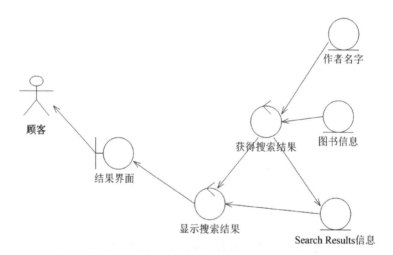

图 9-17　增量建模：继续考虑职责间关系，并发现新职责

增量建模就是用"不断完善"的方式，把各种必要的职责添加进鲁棒图的过程。"不断完善"是靠设计者问自己问题来驱动的，别忘了用例规约定义的各种场景是你的"输入"，而且，没有文档化的《用例规约》都没关系，关键是你的头脑中要有。"你"又问自己：

- 根据作者名字搜到了结果，但作者名字从何而来？
- 用户的输入要不要做合法性检查？
- 三个空格算不算作者名字的合法输入？

……最终的鲁棒图如图 9-18 所示。边界对象"Search 界面"被加进来,控制对象"获得搜索条件"和"检查输入合法性"被加进来。

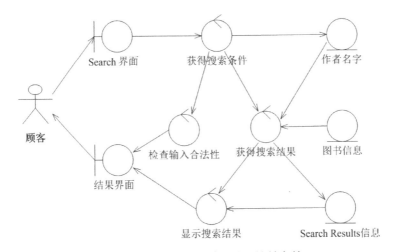

图 9-18　增量建模:直到模型比较完善

9.4　右手质量——概念架构设计(下)

上一节,讲了如何从功能需求向设计过渡,这一节讲如何从质量需求向设计过渡。

9.4.1　再谈什么样的鸿沟,架什么样的桥

在我们当中,有不少人一厢情愿地认为:只要所开发出的系统完成了用户期待的功能,项目就算成功了。但这并不符合实际。例如为什么不少软件推出不久就要重新设计(美其名曰"架构重构")呢?往往是由于系统架构"太拙劣"的原因——从难以维护、运行速度太慢、稳定性差甚至宕机频繁,到无法进行功能扩展、易遭受安全攻击等,不一而足。

然而,从质量需求到软件设计,有个不易跨越的鸿沟:软件的质量属性需求很"飘",常常令架构师难以把握。例如,根据诸如"本系统应该具有较高的高性能"等寥寥几个字来直接做设计,"思维跨度"就太大了,设计很难有针对性。

越过从质量需求到设计的鸿沟,需要搭桥。这"桥"就是下面要讲的场景技术,其关键是使笼统的非功能目标明确化。

9.4.2　场景思维

在软件行业,场景技术有着广泛的应用。如图 9-19 所示,场景是一种将笼统需求明确化的需求刻画技术。

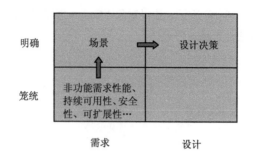

图 9-19　以场景为"跳板"的非功能目标设计思维

和其他文献不同，本书建议场景应包含 5 要素：

- 影响来源。来自系统外部或系统内部的触发因素。
- 如何影响。影响来源施加了什么影响。
- 受影响对象。默认的受影响对象为"本系统"。
- 问题或价值。受影响对象因此而出现什么问题，或需要体现什么价值。
- 所处环境。此时，所处的环境或上下文怎样。（此要素为可选要素）

9.4.3　场景思维的工具

"我们所使用的工具深刻地影响我们的思考习惯，从而也影响了我们的思考能力"，软件界泰斗 Edsger Dijkstra 这么说。由此可知，工具的价值所在。

如果需要，可以借助"场景卡"这种工具，来收集有用的场景——当需求分析师并未通过场景技术明确定义非功能需求，当架构师也深感难以到位地发现有价值的场景，这时候架构师可以借助于场景卡来激活团队的力量，让大家提交场景。例如，图 9-20 所示就是一个填写了内容的场景卡。

场景卡			
			提交者：张三
If		Then	
程序	大量更新数据	数据复制的开销	非常大
Context:已部署了多个 DBMS 实例以增加数据处理能力			

图 9-20　场景卡一例

目标—场景—决策表（如图 9-21 所示）是另一种极其有用的思维工具，熟练掌握大有必要。借助这种思维工具，我们的思考过程形象化、可视化。如果说场景卡是"关键点"（用于识别场景），那么目标—场景—决策表就是"纵贯线"（用于打通思维）。

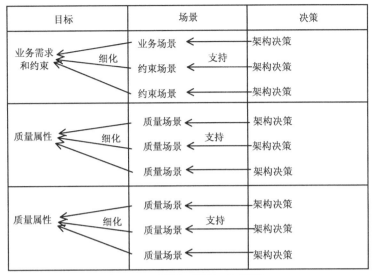

图 9-21　目标—场景—决策表

　　需要提醒，运用目标—场景—决策表针对质量进行设计时，"不支持该场景"恰恰是一种有价值的决策——如果每个场景都支持，理性设计就无从谈起、多度设计就在所难免了。这就要求我们在实践时，必须对场景进行评估，以决定是否支持这个场景。如图 9-22 所示，架构师经常要考虑的场景评估因素包括：价值大小、代价大小、开发难度高低、技术趋势、出现几率等。

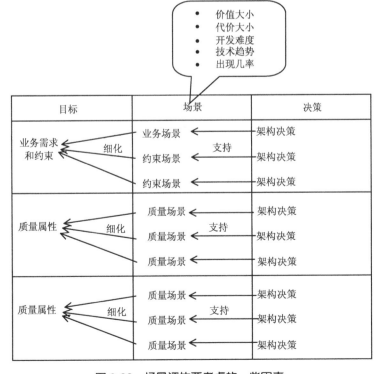

图 9-22　场景评估要考虑的一些因素

9.4.4　目标—场景—决策表应用举例

继续"鲁棒图怎么画"一节的例子——网上书店系统。

如何设计才能使这个系统高性能呢？场景思维是关键。也就是说，我们要明确网上书店系统所处于的哪些真实具体的场景，对高性能这个大的笼统的目标最有意义：

- 如图 9-23 所示，是一个"场景卡"的例子。不断如此明确对性能有意义的"情况"，设计高性能架构也就有"具体的努力方向"了。
- 如表 9-1 所示，我们运用目标-场景-决策表，针对 6 个具体性能场景，设计具体架构决策。

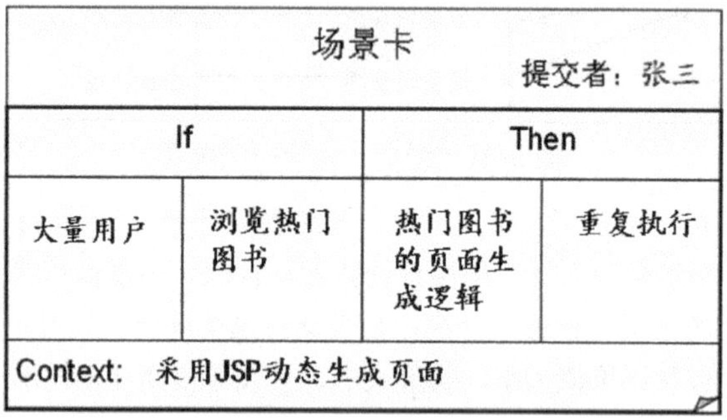

图 9-23　设计网上书店系统：场景卡

表 9-1　设计网上书店系统：目标—场景—决策表

目标	场　　景		决　　策
高性能	查询相关	【Context】采用 JSP 动态生成页面 【If】大量用户浏览热门图书 【Then】热门图书的页面生成逻辑重复执行	• 热门图书页面 HTML 静态化
		【If】图书信息一股脑一张表 【Then】搜索图书功能触发大量 IO 开销造成性能低下	• 书目信息和图书详细信息分开保存 • 引入 Cache
	下单相关	【Context】多个用户同时购买同一本书 【If】业务逻辑执行"库存为 0 不能下单"规则 【Then】业务逻辑复杂低效	• 照顾高性能和用户体验，放弃高一致性 • 下单功能有"缺货处理方式"提示 　➢ 等待配齐后发货 　➢ 先发送有货图书
	综合	【Context】业务量增大 【If】系统出现性能瓶颈 【Then】实施群集能否方便高效	• 展现层、业务层、数据层设计成可独立部署的 Tier，方便独立对 WebServer、AppServer、DBServer 做群集
		【Context】业务量增大 【If】计算复杂功能和 IO 量大功能未分离 【Then】部署无法针对性优化	• 将业务层各服务分离，方便优化部署（例如专为高计算量的服务配备高性能 CPU 的机器）

续表

目标	场　景	决　策
	【Context】新书上架功能写数据库要加锁 【If】上架功能执行中 【Then】查询功能响应慢	• 新书上架功能缺省写入临时表，夜间 3:00 由后台触发自动导入正式表 • 新书上架功能支持操作员指定导入正式表的时机（包括立即写入正式表）

由此可见，通过"目标—场景—决策表"既可以帮助我们引入新的设计（例如表中决策"HTML 静态化"），也可以帮助我们改进了老设计（例如"书目信息和图书详细信息分开保存"，这样前述鲁棒图就可升级为图 9-24 了）。

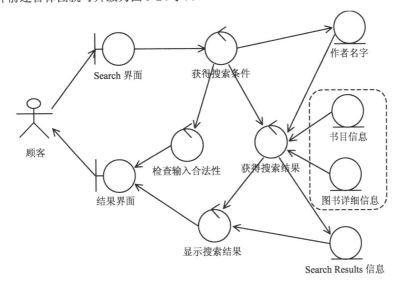

图 9-24　设计网上书店系统：更新设计

9.5　概念架构设计实践要领

9.5.1　要领 1：功能需求与质量需求并重

在"概念架构设计概述"和"左手功能"、"右手质量"等小节，已详细讲解过。

9.5.2　要领 2：概念架构设计的 1 个决定、4 个选择

从设计任务、设计成果上，概念架构设计要明确的是"1 个决定、4 个选择"（如图 9-25 所示）：

- 决定。
  - ➢ 如何划分顶级子系统。

- 选择。

  - ➤ 架构风格选型。

  - ➤ 开发技术选型。

  - ➤ 二次开发技术选型。

  - ➤ 集成技术选型。

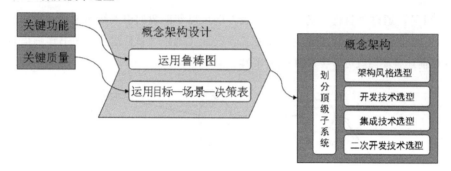

图 9-25　概念架构设计要明确的是"1 个决定、4 个选择"

在实践中，上述 5 项设计任务应该以什么顺序完成呢？笔者推荐（如图 9-26 所示）：

- 首先，选择架构风格、划分顶级子系统。这 2 项设计任务是相互影响、相辅相成的。

- 然后，开发技术选型、集成技术选型、二次开发技术选型。这 3 项设计任务紧密相关、同时进行。另外可能不需要集成支持，也可以决定不支持二次开发。

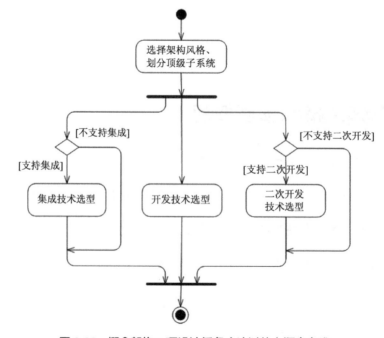

图 9-26　概念架构 5 项设计任务应该以什么顺序完成

9.5.3　要领 3：备选设计

为什么要这样设计？有没有其他设计方式？这都是架构师脑中经常存在的问题。

设计概念架构之时，还处于项目研发的早期阶段，此时不考虑任何可能的备选架构是危险的、武断的，可能造成未来"架构大改"的巨大代价。

笔者推荐一种实用工具，能促进更清晰地评审和对比多个备选概念架构设计方案。表 9-2 是《概念架构设计备选方案评审表》。

表 9-2　概念架构设计备选方案评审表

大项	子　项		备选架构 1	备选架构 2	……
设计描述	系统组成	后端			
		前端			
		API			
		插件			
	技术选型	架构风格			
		应用集成			
		UI 集成			
		二次开发技术			
		开发技术			
评审结论	纯技术方案的评价				
	结合企业现状评价				
	选型结果		【　】	【　】	【　】

9.6　实际应用（7）——PM Suite 贯穿案例之概念架构设计

相关技能项，都讲到了。下面将实际应用到 PM Suite 贯穿案例，设计 PM Suite 系统的概念架构。

9.6.1　第 1 步：通过初步设计，探索架构风格和高层分割

对于像 PM Suite 这样还算比较复杂的系统，直接确定它为 C/S 架构或 B/S 架构，那就是拍脑袋。

PM Suite 有哪些功能，这些功能以 C/S 实现合适，还是 B/S 实现合适？

PM Suite 在非功能方面的要求，会如何影响 C/S 架构或 B/S 架构的选择？

为了回答上述极为关键的问题，我们运用鲁棒图对"关键功能"（确定关键需求步骤的输出）进行探索性的初步设计，为真正确定"架构风格和高层分割"积累决策的依据。

项目经理在使用 PM Suite 时，"制定进度计划"是一个关键功能。下面我们开始在鲁棒图的帮助下，通过增量建模探索它的设计，以期达到探索整个 PM Suite 设计方向的目的。

首先，识别你认为最"明显"的职责。如图 9-27 所示。"你"认为制定进度的基本单位是"任务"，因为只有任务进度明确了整个项目的进度计划才得以显现，所以"你"识别出"任务进度设置界面"边界对象、"排定任务时间"控制对象、"任务进度"实体对象。

图 9-27 "制定进度计划"的增量建模过程

接下来，开始考虑职责间的关系、并发现新职责，不断迭代：

- 图 9-28。明确已识别的 3 个职责的关系，是"项目经理"通过"任务进度设置界面"触发的"排定任务时间"操作，并引起对"任务进度"实体对象的"写操作"（箭头指向实体对象表示"写"反向表示"读"）。

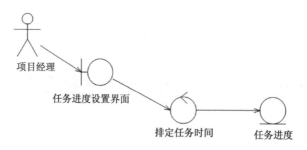

图 9-28 "制定进度计划"的增量建模过程

- 图 9-29。显然，通过"任务进度设置界面"也可以"确定任务依赖"。
- 图 9-30。这时，自然想到，还要支持通过"WBS 展现界面"来"确定任务依赖"。

增量建模技巧的"哲学"是：先把显而易见的设计明确下来，使模糊的设计受到最大程度的启发。

我们再继续迭代，考虑职责间关系；发现新职责；增量地建模：

- 图 9-31。那么，"WBS 展现界面"里的数据从何而来？于是，引入"WBS"实体对象和"更新 WBS 展现"控制对象。

- 图 9-32。"更新 WBS 展现"相关关联比较复杂:
- 它"读"3 个实体对象:WBS、任务间关系、任务进度。
- "确定任务依赖"和"指定任务时间"时,都会触发调用"更新 WBS 展现"来刷新界面。

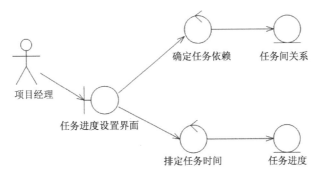

图 9-29　"制定进度计划"的增量建模过程

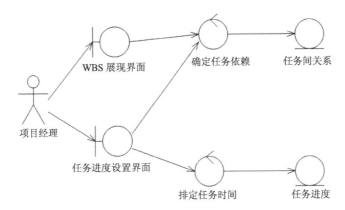

图 9-30　"制定进度计划"的增量建模过程

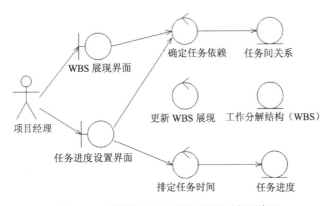

图 9-31　"制定进度计划"的增量建模过程

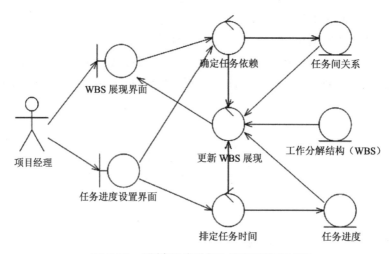

图 9-32 "制定进度计划"的增量建模过程

不断如此分析，一些架构级的"关键决策点"就暴漏无遗了。例如，WBS 的定义是放在 File 中、还是放在 DB 中？如图 9-33 所示。这个问题之所以关键，是因为它和"架构风格选型采用纯 B/S 架构行不行"直接相关。

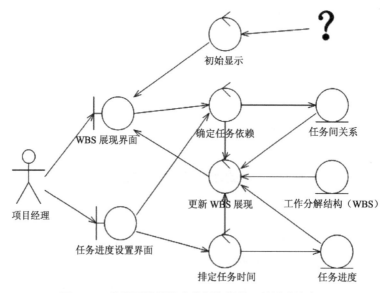

图 9-33 鲁棒图建模能启发架构级的"关键决策点"

值得说明的是，根据系统复杂程度不同，以及架构师的设计经验不同，可以灵活把握对多少"关键功能"进行鲁棒图建模。如图 9-34 所示，是"从 HR 系统导入资源"功能的鲁棒图……

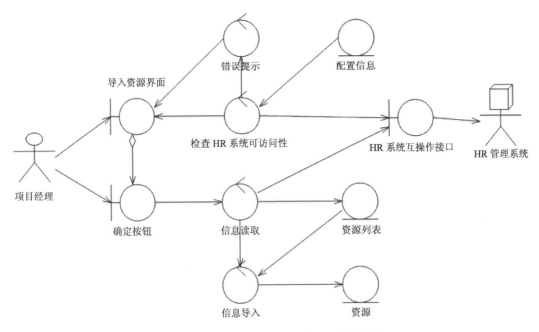

图 9-34　"从 HR 系统导入资源"的鲁棒图

9.6.2　第 2 步：选择架构风格，划分顶级子系统

刚才，我们对一组"关键功能"进行了探索性的初步设计。这，已经为真正确定"架构风格和高层分割"积累决策的依据：

- 这个"制定进度计划"功能，UI 交互比较密集，C/S 架构有优势。
- 一个用久了 MS Project 客户端的项目经理，"制定进度计划"时当然想用类似的方式。于是，架构师考虑是不是能开发类似 MS Project 的客户端呢？如果本公司的客户端并不提供 MS Project 没有的特色功能，能不能直接采用 MS Project 呢？……这些考虑背后，潜在的架构风格决策还是 C/S 架构。
- 但是，很多一般项目成员和高层管理者用到的大量功能，基本上就是"信息展示"，B/S 架构最适合。
- …… 因此，我们决定综合 C/S + B/S 的好处（如图 9-35 所示），结合使用。

其中的思维过程，用"目标-场景-决策表"可以更清晰地刻画。如表 9-3 所示。

表 9-3　基于"目标-场景-决策表"思维进行架构风格选型

目标	场　　景	决　　策
架构风格选型	【Context】项目经理用久了 MS Project 客户端 【If】没有客户端，完全采用 Web 网页方式提供功能 【Then】项目经理不习惯，难免抱怨	【暂定】开发类似 MS Project 的客户端
	【Context】开发类似 MS Project 的客户端 【If】如果本公司的客户端并不提供 MS Project 没有的特色功能 【Then】开发工作干了不少，但没有商业效果	【最终】直接采用 MS Project 做客户端，后端要支持
	【Context】很多一般项目成员和高层管理者用到的大量功能，基本上就是"信息展示" 【If】如果采用 C/S 架构 【Then】很多客户端需要部署和维护	【暂定】采用 B/S 架构
	【Context】PM Suite 各种功能特点不一 【If】单独采用 C/S 架构，或单独采用 B/S 架构 【Then】总有明显不合理之处	【最终】C/S + B/S 架构

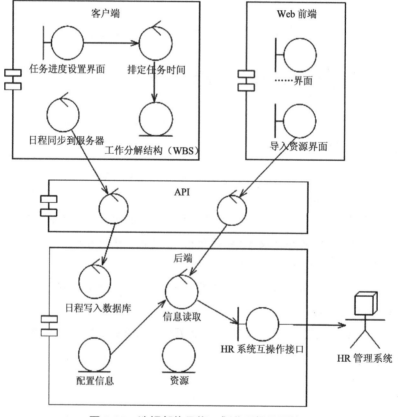

图 9-35　选择架构风格，划分顶级子系统

9.6.3　第 3 步：开发技术、集成技术与二次开发技术的选型

一种备选概念架构设计的选型决策如下：

- 开发技术选型。选择 Java 来开发 PM Suite。

- 是否支持二次开发。支持，一是方便我们自己公司在提供整体解决方案时进行"应用集成"；二是提供给其他厂商供他们的产品调用 PM Suite 的功能。

- 二次开发技术选型。暂时只提供 API for Java，以后根据需要再考虑可能提供的其他 API（例如 API for VB 或支持脚本语言的 API）。

- 是否支持集成。必须支持，PM Suite 的特点就是互操作性要求明显，这在"第 8 章确定关键需求"中也重点分析了。

- 集成技术选型。分析一下，PM Suite 方案存在少数功能，是需要多系统集成完成的；但另外有数量稍多的"将无关的多个功能统一呈现到某角色的工作台之上"情况。因此决定，Web UI 集成 + 应用集成，这两种技术都将采用：

  - ➤ 对"将无关的多个功能统一呈现到某角色的工作台之上"情况，当然首选 Web UI 集成方式（如图 9-36 所示），因为利用 Protal 等技术进行集成开发比较便捷，PM Suite 要"新写的代码量"少。

  - ➤ 否则，采用应用集成技术，这时 PM Suite 调用要集成的那些系统的 API，然后还是由 PM Suite 在展现层组织界面显示。代码量多。

图 9-36　PM Suite 支持集成之 Web UI 方式

9.6.4　第 4 步：评审 3 个备选架构，敲定概念架构方案

决策过程中，总是充满了选择，《三国演义》中曹操兴师也不例外：

- 打刘备，还是打孙权？
- 打孙权的话，我曹操的北方士兵不习水战，怎么办？选择不打了，还是另想办法？
- 还是要打的话，是围而不打，还是主动进攻？
- 主动进攻的话，战船钉在一起会更稳，但选择哪种策略来防备东吴"火烧战船"呢？
- ……"预计不到"和"选择不当"都会造成决策失败！

PM Suite 架构设计的过程，其实也充满了选择。

- 备选架构 1：一刀切采用 B/S 架构，岂不简单便宜？
- 备选架构 2：C/S + B/S 混合架构，照顾不同功能的特点。
- 备选架构 3：PM Suite 要和那么多系统整合，采用基于平台的整合岂不更先进？你看人家 IBM ALM 就基于 Jazz 搞多系统之间的集成。

如果你是架构师，你会怎么办？选择"最牛"的备选架构 3 试试……如图 9-37 所示，分析了 IBM ALM 的概念架构。针对 PM Suite 的现实需求，架构评审的结论是：照搬 IBM ALM 的概念架构为"过度设计"。

系统组成	后端	多个后端
	前端	多个 Web 后端 多个自研客户端 兼容 MS Project 客户端
	API	多个 API
	插件	Eclipse 插件、 Visual Studio 插件
技术选型	构架风格	C/S+B/S
	应用集成	自研类似 IBM Jazz 的集成平台，包含 Message Broker 等基础设施
	UI 集成	Web UI 集成、Eclipse 及 VisualStudio 客户端集成
	二次开发技术	Java API、VB API、Perl API
	开发技术	Java、JSP、C++

图 9-37　分析 IBM ALM 的概念架构

笔者推荐基于《概念架构设计备选方案评审表》进行对比、评价。如表 9-4 所示，从"设计描述"的 9 类"子项"的明确，到"评审结论"的最终得出，都一目了然。

对于软企而言，对比备选设计、评审设计优缺点，能避免"管他三七二十一就这么设计啦"造成的设计偏差，有利于尽早确定合理的架构选型（而不是后期被动地改），还有利于统一团队上上下下对架构方案的认识（详细设计和编程不遵守架构设计的现象在软企中可是屡见不鲜）。

表 9-4　运用《概念架构设计备选方案评审表》对比评审 PM Suite 概念架构

大项	子 项		【备选架构 1】 纯 B/S 架构	【备选架构 2】 C/S+B/S 混合架构	【备选架构 3】 学 IBM ALM 架构
设计描述	系统组成	后端	前后端一体 Web 应用	1 个后端	多个后端
		前端	同上	1 个 Web 前端 客户端用 Project	多个 Web 前端 多个自研客户端 兼容 MS Project 客户端
		API	无	1 个 API	多个 API
		插件	无	无	Eclipse 插件、 VisualStudio 插件
	技术选型	架构风格	B/S	C/S + B/S	C/S + B/S
		应用集成	无	调第三方系统 API	自研类似 IBM Jazz 的集成平台，包含 Message Broker 等基础设施
		UI 集成	无	Web UI 集成	Web UI 集成、Eclipse 及 VisualStudio 客户端集成
		二次开发技术	无	Java API	Java API、VB API、Perl API
		开发技术	微软 ASP.NET	Java、JSP	Java、JSP、C++
评审结论	纯技术方案的评价		优点：设计简单	优点：比较强大	优点：很强大、标准化
			缺点：不够强大	缺点：集成没标准	缺点：难度大、成本高
	结合 PM Suite 需求评价		无集成支持	满足需求 集成方式较现实	集成时要第三方系统(甚至已上线)改程序不现实
			结论：设计不足	结论：设计合理	结论：过度设计
	选型结果		【　】	【选中】	【　】

对于个人设计能力的培养，对比备选设计、评审设计优缺点，能拓宽思路洞察设计的"所以然"，是笔者培训中不断证明了的"最佳培训实践"之一。

而且有《概念架构设计备选方案评审表》的支持，实施起来也并不困难。何乐不为？

第 10 章
细化架构设计

架构设计能力，因掌握起来困难而显得珍贵。

——温昱，《一线架构师实践指南》

架构最重要的一点，就是它能把难以处理的大问题分解成便于管理的小问题。

——Eric Brechner，《代码之道》

从程序员到架构师的转型，必然要经历的一个突破是"思维方式的突破"。

本章，我们要讲的 5 视图方法就是一种系统化的思维方法，主要内容有：它包含哪 5 个设计视角？5 个视图涉及的 15 项设计任务是什么？

关于"细化架构"设计，本书为了便于程序员循序渐进地掌握，共分为 6 章：

- 第一部分 基础概念篇。

    ➢ 第 3 章。讲什么是架构视图，如何运用"逻辑视图+物理视图"设计一个系统的架构，并以 MailProxy 为案例示范了迭代式设计技巧。【打基础】。

- 第二部分 实践过程篇。

    ➢ 第 10 章。讲如何系统运用 5 视图方法，以及 5 视图方法涉及的 15 个具体设计任务是什么。【系统讲】。

- 第三部分 模块划分专题。

    ➢ 第 12 章。讲如何借助"功能树"启发"功能模块"的划分。【技能项】。

> ➤ 第 13 章。讲分层架构和模块划分的关系。【技能项】。

> ➤ 第 14 章。讲用例驱动的模块划分过程。【技能项】。

> ➤ 第 15 章。总结模块划分的 4 步骤方法论，综合运用层、模块、功能模块和用例驱动等手段技巧。【技能项】。

10.1　从 2 视图方法到 5 视图方法

10.1.1　回顾：2 视图方法

对程序员而言，本书建议先掌握 2 视图方法（要能用起来），再掌握 5 视图方法。

我们在"第 3 章 理解架构设计视图"中讲 2 视图方法，稍作回顾：

什么是架构设计视图

架构视图是一种设计架构、描述架构的核心手段。通过"架构视图"作为分而治之的手段，使架构师可以分别专注于架构的不同方面、相对独立地分析和设计不同"子问题"。

如何运用"逻辑视图 + 物理视图"设计架构

在多种架构视图中，最常用的是逻辑架构视图和物理架构视图。软件的逻辑架构规定了软件系统由哪些逻辑元素组成以及这些逻辑元素之间的关系，具体而言，组成软件系统的逻辑元素可以是逻辑层（Layer）、功能子系统、模块。软件的物理架构规定了组成软件系统的物理元素，这些物理元素之间的关系，以及它们部署到硬件上的策略。

示范案例：MailProxy 的架构设计过程

第 3 章的示范案例 MailProxy 是一个邮件代发系统，我们运用"逻辑视图+物理视图"技能，两个视图的设计交替进行、迭代展开。逻辑职责的划分逐步清晰，促进了物理分布设计；反之亦然。

10.1.2　进阶：5 视图方法

和 2 视图方法相比，5 视图方法适合更大型的软件，它更全面地覆盖了架构设计的各个方面。如图 10-1 所示，架构师可以站在 5 个不同的"思维立足点"、分而治之、分别设计：

- 职责划分（逻辑视图）。
  设计手段举例：分模块、分层、划分垂直功能子系统，为模块/层/子系统定义接口……

- 程序单元组织（开发视图）。
  设计手段举例：开发语言选型、Application Framework 选择、编译依赖关系……

- 控制流组织（运行视图）。

  设计手段举例：多进程技术、多线程技术、中断服务程序……

- 物理节点安排（物理视图）。

  设计手段举例：PC 机、服务器、单片机的选型与互联……

- 持久化设计（数据视图）。

  设计手段举例：关系数据库、实时数据库、文件、Flash……

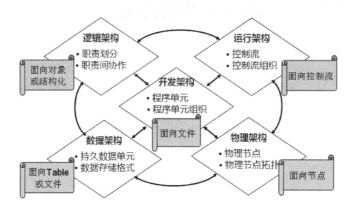

图 10-1　5 视图方法：每个视图，一个思维角度

此前在第 3 章，描述了一个发生在办公室里的争论。现在，5 视图方法正堪其用，不同视图支持不同涉众的关注点（如表 10-1 所示）。

表 10-1　涉众关心的问题与相应架构视图

涉众及视角	相应的架构视图
程序员说，软件架构就是要决定需要编写哪些 C 程序或 OO 类、使用哪些现成的程序库（Library）和框架（Framework）	开发架构
程序经理说，软件架构就是模块的划分和接口的定义	逻辑架构
系统分析员说，软件架构就是为业务领域对象的关系建模	逻辑架构
配置管理员说，软件架构就是开发出来的以及编译过后的软件到底是个啥结构	开发架构
数据库工程师说，软件架构规定了持久化数据的结构，其他一切只不过是对数据的操作而已	数据架构
部署工程师说，软件架构规定了软件部署到硬件的策略	物理架构
用户说，软件架构应该将系统划分为一个个功能子系统	逻辑架构

10.2　程序员向架构师转型的关键突破——学会系统思考

系统思考是一种"见树又见林的艺术"，要求人们运用系统的观点看待事物发展，引导人们从关注局部到纵观整体、从看事物的表面到洞察其变化背后的结构，以及从静态的分析到认识各种因素的相互影响，进而寻求一种动态的平衡。系统思考不是那种充满学究气的象牙塔中的活动，而是一种务实的、实用的思考工具，可以应用到问题诊断、系统研发、商业运作等各种活动中。

对软件研发而言，系统思考就是以整体的观点对复杂系统构成部分之间的联系进行研究。系统思考解决问题的方式就是认识到复杂系统之所以复杂，正是因为系统各个部分之间的联系。如果想要理解系统，就必须将其作为一个综合整体进行审视。

10.2.1　系统思考之"从需求到设计"

众所周知，架构设计的依据是需求，但是从需求到设计跨度很大、涉及面很广。因此，架构设计师必须是一个系统思考者。

让我们再次系统地梳理一下。如图 10-2 所示：

- 上游的一项关键活动是需求分析，所谓的需求包含哪些内容呢？
- 从需求到模块划分、接口定义等架构设计"规格"，中间要经过哪些关键设计环节？
- 投标时要讲架构，并行开发时要以架构为中心，这两个"架构"有何不同？
- ……

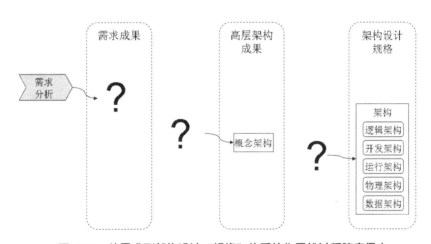

图 10-2　从需求到架构设计"规格"的系统化思维过程跨度很大

从"需求分析"到"概念架构设计"的系统化思维过程如下（如图 10-3 所示）：

- 概念架构贵在有针对性，所以必须以重大需求、特色需求、高风险需求为设计目标，"概念架构设计"活动的输入是"关键需求"，输出是"概念架构"。
- "确定关键需求"活动也很重要，它要明确关键功能和关键质量，从而明确了"概念架构设计"活动所要明确支持的"关键需求"。
- 图中，我们把架构师确定的"关键需求"和架构师设计的"概念架构"，并称为"高层架构成果"——其实，在投标时讲解"解决方案建议"，这些不正是讲解重点吗？
- 图中，我们把"需求"和"领域模型"并称为"需求成果"。

- "需求分析"活动要明确功能、质量、约束这三方面的需求，这些需求必然是后续多项活动的关键依据。

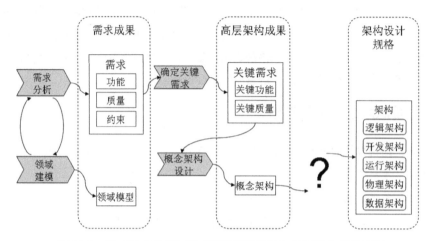

图 10-3 从"需求分析"到"概念架构设计"的系统化思维过程

再重点梳理一下细化架构设计的"来龙去脉"（如图 10-4 所示）：

- 一方面，"概念架构"是"细化架构设计"活动的输入。如果概念架构确定了 C/S 架构风格，细化架构就不能"不管不顾"上来就搞个 B/S 风格……
- 另一方面，各种"需求"是"细化架构设计"活动的输入。这个对比很有启发，即"概念架构设计"依据"关键需求"，后续的"细化架构设计"依据"（所有）需求"。
- 第三，"领域模型"是"细化架构设计"的输入。一个采用分层架构的软件系统，除了 UI 层、数据层、集成层之外，会有一个"业务层"或"领域层"，细化架构设计时参考之前定义的领域模型将"领域层"内的核心模型用选定的编程语言（例如 C、Java、C++）明确定义下来。

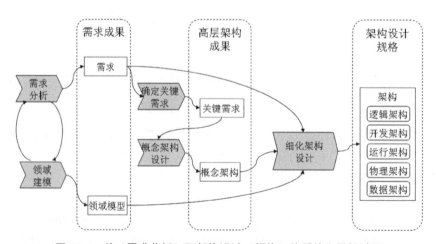

图 10-4 从"需求分析"到架构设计"规格"的系统化思维过程

上面，理清了从需求到设计的系统思考路径。

下面，讨论架构设计"规格"中模块、接口、进程、线程、物理节点、数据文件、数据库等太多的设计任务，如何在 5 视图方法的系统化思维指导下进行。

10.2.2 系统思考之"5 个设计视图"

架构师岗位，有个很大的挑战，那就是实际中的架构设计工作范围广泛：

- 子系统的划分。
- 接口的定义。
- 进程、线程的相关设计。
- 服务器的选型。
- 若你用 C，那么结构化方法的模块设计"放"哪里？
- 考虑 Layer（逻辑层）。
- 同时又考虑 Tier（物理层）。
- 基于并行开发的需要，源程序目录结构的定义。
- 数据分布与数据库 Schema。
- 若没选 RDBMS 而选了文件方式，文件格式的定义。
- 嵌入式系统中常将数据保存到 Flash，Flash 存储结构的定义。
- ……

单一个"我要把系统切成啥"的问题，就够"希望向架构师转型的程序员"苦恼的了。因为这个问题根本就不是"单选题"：

- 和客户沟通时，系统是一个个"垂直功能子系统"组成的。
- 写程序时，系统"变成了"有一个个程序包组成的。
- 运行时，系统又"变成了"是由进程、线程组成的。
- ……

面对上述种种，如果不会系统思考，必然非常被动、设计质量差，所以必须用系统思考方法来解决"思维混乱"的问题。如图 10-5 所示，5 视图方法通过"不同视图"，将架构师最常关心的众多技术关注点分门别类、梳理清楚了：

例如，层的概念有 Layer 和 Tier 之别，让架构新手困惑。5 视图方法中，Layer（逻辑层）作为一种大粒度的"职责划分"单位，属于逻辑架构视图；而 Tier（物理层）则属于物理架构视图的考虑范围，它关注硬件部署。

再例如，对于嵌入式系统而言：

- 为了支持并发或并行，控制流绝不仅仅可以是进程或线程，中断服务程序也是一种重要的控制流机制。这些设计内容在运行架构视图考虑，具体而言属于后面要讲的"控制流的技术选型"。

- 嵌入式应用数据的持久化常常要基于文件（而不是数据库表）的概念，最终常写入 Flash（而不是硬盘）中。这在数据架构视图考虑。

- ……

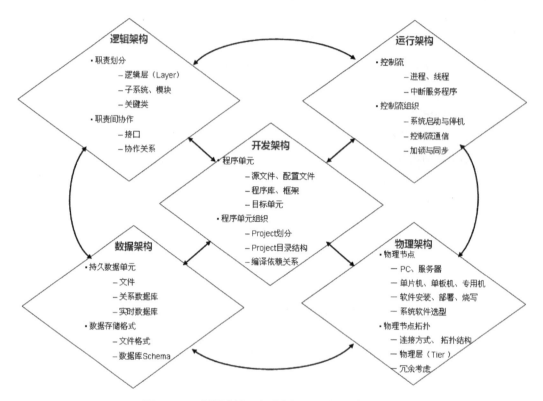

图 10-5　5 视图方法：每个视图，一组技术关注点

值得说明的是，看似复杂的 5 视图方法其"思想"并不复杂，因为其每个视图都是从特定角度规划系统的分割与交互，都是（架构的定义）"组件 + 交互"的一种体现：

- 逻辑架构=职责单元+协作关系。

- 开发架构=程序单元+编译依赖关系。

例如，程序单元可以是源程序、目标程序、程序库 Library

- 运行架构=控制流+同步关系。

- 物理架构=物理节点+拓扑连接关系。

- 数据架构=数据单元+数据关系。

……原来如此，提炼出了"繁"中之"简"，离成功运用这种方法也就不远了！

这就是系统思考的力量。5 视图方法错落有致地将众多技术关注点划分成"群落"，"群落"内高聚合，"群落"间松耦合，有利于架构师设计思维的"有序"展开。

10.3　5 视图方法实践——5 个视图、15 个设计任务

一种优秀的多视图方法，应该面向"岗位职责"，比较完善地覆盖架构设计的各项工作内容。如图 10-6 所示，我们将"架构师岗位"细化架构设计环节的各项设计工作内容明确地、有条理地划归到 5 个架构视图中。只有这样，才利于软件企业 HR 管理体系中岗位设立和技能考核。

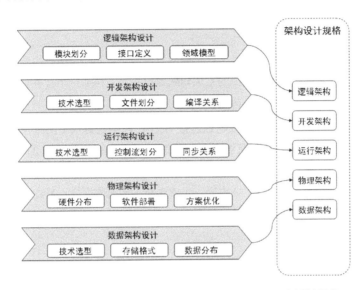

图 10-6　细化架构设计的"技能项"——15 个设计任务

10.3.1　逻辑架构 = 模块划分 + 接口定义 + 领域模型

逻辑架构（如图 10-7 所示）关注职责划分和接口定义。不同粒度的职责需要被关注，它们可能是逻辑层、功能子系统、模块、关键类等。不同通用程度的职责要分离，分别封装到专门模块、通用模块或通用机制中。

图 10-7　逻辑架构视图的设计内容

181

如果使用 UML 来描述架构的逻辑架构，则该视图的静态方面由包图、类图、对象图来描述，动态方面由序列图、协作图、状态图和活动图来描述。

逻辑架构设计包含的核心设计任务是：模块划分、接口定义、领域模型细化。

【设计任务】模块划分

正如大家所看到的，因为软件变得越来越复杂了，所以单兵作战不再是普遍的软件开发方式，取而代之的是团队开发；而团队开发又反过来使软件开发更加复杂，因为现在不仅仅有技术复杂性的问题，还有管理复杂性的问题。

面对"技术复杂性"和"管理复杂性"这样的双重困难，以架构为中心的开发方法是有效的途径。软件架构从大局着手，就技术方面的重大问题作出决策，构造一个具有一定抽象层次的解决方案，而不是将所有细节统统展开，从而有效地控制了"技术复杂性"。

通过定义"如何划分模块、模块间如何通过接口交互"，架构提供了团队开发的基础，如图 10-8 所示。可以把不同模块分配给不同小组分头开发，接口就是小组间合作的"契约"，每个小组的工作覆盖了"整个问题的一部分"。这样一来，模块的技术细节被局部化到了小组内部，内部的细节不会成为小组间协作沟通的主要内容，也就理顺了沟通的层次。另外，对"人尽其才"也有好处，不同小组的成员需要精通的技术各不相同。

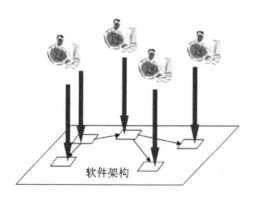

软件架构

图 10-8　软件架构为团队开发奠定了基础

模块划分是架构师的看家本领，有多种手段可以促进合理划分模块，详见本书的 12-15 章：

- 从需求层面的"功能树"，启发"功能模块"的划分。
- 水平分层，促进模块分解。
- 通用模块和通用机制的识别。
- 现代的用例驱动的模块划分过程。
- 传统的模块化思维。
- ……

如图 10-9 所示。

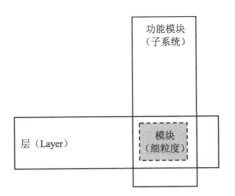

图 10-9　层 vs.功能模块 vs.模块

【设计任务】接口定义

类似"我的接口我做主"的观点是错误的（如图 10-10 所示）。一个程序组长，如果只关心某个模块或某个子系统（甚至类）而无视模块间协作需要而进行接口设计的话，这样的接口很难顺畅地被其他模块或子系统使用。

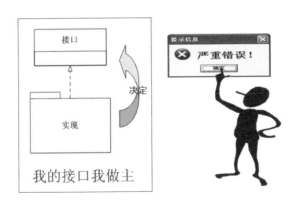

图 10-10　负责模块的程序组长"我的接口我做主"＝闭门造车

正确的设计思路是"协作决定接口"。架构师设计接口时，要考虑的重点是"为了实现软件系统的一系列功能，这个软件单元要和其他哪些单元协作、如何协作"。此时，可以使用（一组）序列图辅助进行设计。

【设计任务】领域模型细化

常有学员问："逻辑架构设计到什么粒度，是到模块一级，还是类一级呢？"

一般推荐设计到模块一级，但如下 4 种"关键类"可以在架构设计时就明确：

（1）接口定义类

（2）Façade 实现类

（3）核心控制类

（4）另外，就是对系统可扩展性有根本影响的构成领域模型的那些类

10.3.2 开发架构 = 技术选型 + 文件划分 + 编译关系

开发架构（如图 10-11 所示）关注实际的程序单元：

- 不仅包括要编写的源程序。

- 也包括可以直接使用的第三方 SDK 和现成框架、类库。

- 还包括目标代码文件的个数与形态（是 exe 文件、可烧写格式的文件，还是 war 包等）。

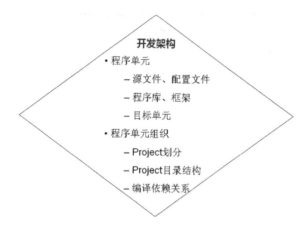

图 10-11 开发架构的设计内容

开发架构的设计对开发期质量属性有重大影响，例如可扩展性、可重用性、可移植性、易理解性和易测试性等，因此架构师还有必要研究软件开发环境中各种类型程序单元的实际组织方式，明确定义"工程（project）"的类型和个数、"源码目录结构"的高层定义等，以便为不同程序团队进行并行开发提供切实基础。如果程序员们总是不能从架构中看到上述内容，就会认为架构是一类高来高去的概念，自然不会有积极态度。

开发架构和逻辑架构之间存在一定的映射关系：比如逻辑架构中的逻辑层一般会映射到开发架构中的多个程序包；再比如开发架构中的源码文件可以包含逻辑架构中的一到多个类（在 C++ 里一个源码文件可以包含多个类，即使在 Java 里一个源码文件也可以同时包含一个类和几个内部类）。

如果使用 UML 来描述架构的逻辑架构，则该视图可能包括包图、类图和组件图等。

开发架构设计包含的核心设计任务是：各种开发技术选型、程序文件划分到具体工程（Project）、程序文件之间的编译依赖关系。

【设计任务】各种开发技术选型

一是选定开发语言。后端程序采用什么语言，例如 C、C++或 Java 等？前端程序采用什么语

言，PHP、JSP 或 ASP 等？是否还需要更特殊的语言选型，例如 Unix 操作系统平台上的 Shell 脚本、Oracle 数据库平台上的 PL/SQL 等？

二是选择开发工具。gcc 还是 VC++？Eclipse 还是 JBuilder？……

三是选择程序库（Library）和框架（Framework）。网络通信支持用什么程序库？串口支持用什么程序库？UI Framework 选哪种？ORM 选何 Framework 呢？……

【设计任务】程序文件划分到具体工程（Project）

这项设计任务是必需的。但很不幸，很多架构师没有这么做。难怪程序员抱怨他"高来高去"。

此处的"Project"不是指 Project Manager 管的"项目"，而是指 IDE 等开发环境所支持的"Develop Studio Project"类似的概念（图 10-12 所示为 VC++支持的 Project）。

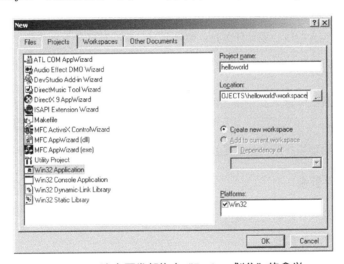

图 10-12　注意开发架构中"Project 划分"的含义

【设计任务】程序文件之间的编译依赖关系

随之而来，应定义出每个工程（Project）源码组织的高层目录结构，并指明程序文件、Library 文件、目标程序文件之间的编译依赖关系。

10.3.3　物理架构 = 硬件分布 + 软件部署 + 方案优化

物理架构（如图 10-13 所示）关注"目标程序及其依赖的运行库和系统软件"最终如何安装、烧写或部署到物理机器，以及如何部署机器和网络来配合软件系统的可靠性、可伸缩性等要求。

物理架构和运行架构的关系：运行架构特别关注目标程序的动态执行情况，而物理架构重视目标程序的静态位置问题；物理架构还要考虑软件系统和包括硬件在内的整个 IT 系统之间是如何相互影响的。

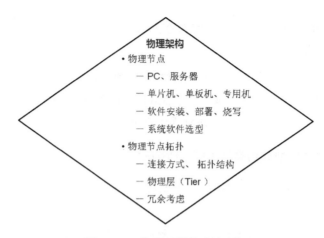

图 10-13　物理架构的设计内容

如果使用 UML 来描述架构的运行架构，则该视图可能包括部署图和组件图。

物理架构设计包含的核心设计任务是：硬件分布、软件部署、方案优化。

【设计任务】硬件分布

选择的硬件是什么？嵌入式系统往往是单板机、单片机、专用机等，企业应用则是 PC、服务器。

这些机器间的物理拓扑结构是怎样的？基于什么网络、什么总线规范、有没有冗余？

【设计任务】软件部署

不同的"软件到硬件的映射关系"，都要考虑到：

- 桌面软件，是安装。
- 嵌入式系统，是烧写。
- Web 系统，是部署。

总之，目标单元什么类型、目标单元有几个，它们将运行在哪台 PC、哪个单板、哪个服务器上。

【设计任务】方案优化

物理架构设计的好坏，严重影响着一系列重大质量属性，可从"攻"与"守"两个方面理解：

- 高性能（攻）。
- 持续可用性（攻）。
- 可伸缩性（攻）。
- 经济性（守）。

- 技术可行性（守）。

- 易维护性（守）。

- ……

因此，有必要评审物理架构设计、甄选更合理的物理部署方案。从思维要点层面，"开销"和"争用"是核心。即围绕物理节点、网络、软件单元、数据单元等物理架构设计的基本内容，通过如下 4 个方面的设计优化来"降低开销"和"避免争用"：

- 如何降低物理节点"内"的计算开销。

- 如何降低物理节点"间"的通信开销。

- 如何避免物理节点"内" CPU、内存、硬盘等资源的争用。

- 如何避免物理节点"间"网络的带宽资源冲突。

10.3.4　运行架构 = 技术选型 + 控制流划分 + 同步关系

运行架构（如图 10-14 所示）关注进程、线程、中断服务程序等运行时控制流，以及相关的并发、同步、通信等问题。运行架构的设计（及其所依赖的物理架构设计）对运行期质量属性有重大影响，例如性能、可伸缩性、持续可用性和安全性等。

图 10-14　运行架构的设计内容

运行架构和开发架构的关系：开发架构一般偏重程序包在编译时期的静态依赖关系，而运行架构关注这些程序运行起来之后形成的线程、进程、中断服务程序，以及它们引用的类实例、传递的数据。

如果使用 UML 来描述架构的运行架构，则该视图的静态方面由包图、类图（其中主动类非常重要）和对象图（其中主动对象非常重要）等来说明关键运行时概念的结构关系。动态方面由序列图、协作图等来说明关键交互机制。

运行架构设计包含的核心设计任务是：并发技术选型、控制流划分、控制流间同步关系。

【设计任务】并发技术选型

控制流（Control Flow）是一个在处理机上顺序执行的动作系列。在实践中，最常用于实现控制流的手段有 3 种：

- 进程。
- 线程。
- 中断服务程序。

进程（Process）是重量级控制流，既是处理机资源的分配单位，又是其它计算机资源的分配单位。

线程（Thread）是轻量级控制流，仅仅是处理机资源的分配单位。一个进程内可以包含多个线程，后者共享前者的资源；但处理机资源例外，线程是独立的处理机资源的分配单位。

实际上，中断服务程序（Interrupt Service Routine，ISR）也是常见的控制流实现机制。当你没有 OS 的支持却要实现并发时，它更是必不可少。

【设计任务】控制流划分

确定引入哪些控制流，并没有固定不变的套路，但有几点考虑却是必不可少的：

- 物理架构中的每个节点（node）之上，至少有一条控制流。
- 为了实现节点（node）之间的通信，通常做法是引入一条控制流来专门负责。
- 节点（node）是具有主动行为的设备，为其引入专门的控制流（例如中断服务程序）。
- 在需求一级的描述中（例如用例规约中）就是并行或并发的，引入多条控制流。
- 来自用户或外部系统的并发访问，常要求后端服务支持多控制流。
- 如果控制流关系复杂，可以考虑引入对其他控制流进行协调的控制流。

【设计任务】控制流间同步关系

一旦系统中存在不止一条控制流，就产生了附加的工作量。除了控制流的创建、销毁之外，还要进一步考虑：控制流之间的通信机制（例如共享内存或消息等）、同步关系，若有资源争用还要引入加锁机制。

10.3.5　数据架构 = 技术选型 + 存储格式 + 数据分布

数据架构（如图 10-15 所示）关注持久化数据存储方案（DB、文件、Flash），不仅包括实体及实体关系的数据存储格式，还可能包括数据传递、数据复制、数据同步等策略。

数据架构和物理架构的关系：对于很多集成系统，数据需要在不同系统之间传递、复制、暂存，这往往要涉及不同的物理机器；也就是说，如果需要，可以把数据放在物理架构之中考虑，以便体现集成系统的数据分布与传递特征。

图 10-15　数据架构的设计内容

数据架构设计包含的核心设计任务是：

- 持久化技术选型。
- 数据存储格式。
- 数据分布策略。

常见的持久化技术有：关系数据库、实时数据库、Flash、一般文件、分布式文件系统等。

10.4　实际应用（8）——PM Suite 贯穿案例之细化架构设计

10.4.1　PM Suite 接下来的设计任务

5 视图方法，能够为 PM Suite 架构的设计提供很多帮助。例如，将 PM Suite 系统、需求管理系统、测试管理系统、OA 管理系统、HR 管理系统等一同考虑在内，部署图如图 10-16 所示。这是 5 视图的物理架构视图。

接下来，PM Suite 的细化架构设计任务还相当多。原则上，一是以概念架构作为基础，二是使用 5 视图方法，比较系统化地、明确地设计 PM Suite 架构的各个方面。本书就不再详尽展开。

但要特别说明一点，对于包含多个"开发任务"的复杂系统，需要对每个"开发任务"进行必要视图的设计。例如：

由于 PM Suite 系统规模还是比较大的，它不是单一的一个 Application。从图 10-16 的物理架构视图也可以看出，PM Suite 包含 4 个"发布项"：

- Web 前端。
- 后端系统。
- API。用于支持第三方系统调用 PM Suite。

- 客户端。——当然，PM Suite 设计决策特殊，直接采用微软 Project 客户端了。

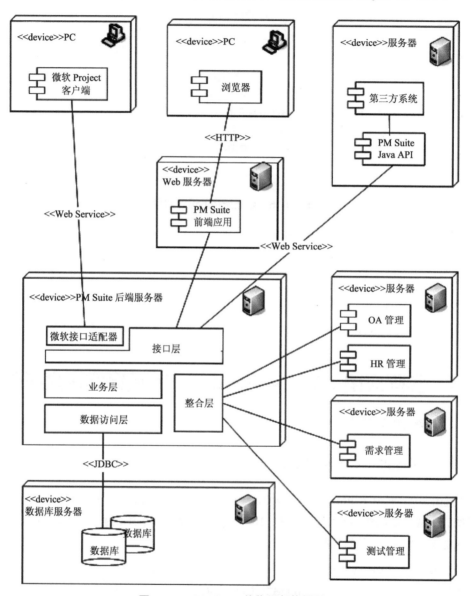

图 10-16　PM Suite 的物理架构视图

此时，如表 10-2 所示，针对 PM Suite 的前端、后端、API 这三个"开发任务"，都考虑了多视图设计：

- Web 前端。

　　……研究它的开发架构，技术选型决定采用 JSP，辅以 Struts、Ext 等框架。
- 后端系统。

　　……研究它的开发架构，技术选型则要采用 Java，辅以 Spring 等多种框架。

- API。

……有不同了，也采用 Java 语言开发，但选型 Web Service 框架，以实现"API 对 Web Service 访问方式的支持"。

表 10-2　包含多个"开发任务"的复杂系统使用 5 视图方法

设计任务	客 户 端	Web 前端	后　　端	API
概念 架构	MS Project 作客户端	技术选型：JSP	技术选型：Java	技术选型：Java
	其他：C/S 与 B/S 混合架构、基于第三方 API 的应用集成、Web UI 集成			
细化 开发 架构	同上	【技术选型】 □JSP □Struts、Ext 等框架 【文件划分】…… 【编译关系】……	【技术选型】 □Java 语言 □Spring 等多种框架 【文件划分】…… 【编译关系】……	【技术选型】 □Java 语言 □Web Service 框架 【文件划分】…… 【编译关系】……
其他视图	……	……	……	……

10.4.2　客户端设计的相关说明

PM Suite 案例的设计，采用 MS Project 作为客户端。所以，客户端本身不需要设计了。但是，相关的设计工作还是有的——PM Suite 后端必须支持 MS Project 客户端所需的、有标准约定的接口。即 PM Suite 后端要"模仿"微软的 Project Server，实现名为"Project Server Interface"的一套接口来支持客户端，如图 10-17 所示。

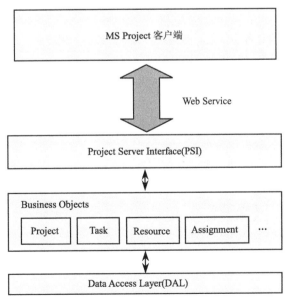

图 10-17　MS Project 客户端和后端通过"Project Server Interface"交互

具体而言，特定版本的 MS Project Server 通过 Web Service，支持 320 个函数（图 10-18 所示为相关 Web Service 信息）。PM Suite 系统，当然不必实现所有 320 个函数，但应该根据 PM Suite 功能要求，确定 MS Project 客户端和后端正常交互所必须的那些函数，并实现它们。

Web Services	Address	
Admin	http:// w2k3/pwa/_vti_bin/psi/admin.asmx	PWA 中的管理：设置财年、货币、报表时间段、内控日志、AD 活动目录等
Archive	http:// w2k3/pwa/_vti_bin/psi/archive.asmx	项目、安全类别、自定义域、资源、系统设置、视图等
Calendar	http:// w2k3/pwa/_vti_bin/psi/calendar.asmx	管理企业日历：签入签出、建立删除更新日历个别项等等
CubeAdmin	http:// w2k3/pwa/_vti_bin/psi/cubeadmin.asmx	管理 OLAP Cube：取 Analysis Server 和数据状态、建立 Cube、更改 Cube 定义等等
CustomField	http:// w2k3/pwa/_vti_bin/psi/customfield.asmx	管理企业自定义域：签入签出、读取、建立、删除、更新等
LookupTable		管理 Lookup Table：多语言管理、代码掩码、⋯ 建立 更新

图 10-18　支持 MS Project 客户端所需的 Web Service 接口

10.4.3　细化领域模型时应注意的两点

回顾第 4 章，架构设计各步骤之间的关系。其中，最初的领域模型是"领域建模"活动产生的，后续"细化架构设计"时又要进一步进行"领域模型细化"，如图 10-19 所示。

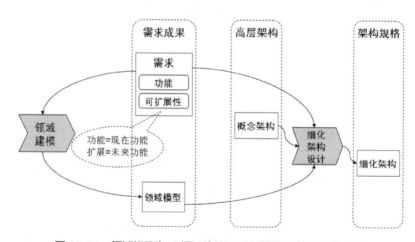

图 10-19　领域模型与"领域建模"、"领域模型细化"的关系

"领域模型细化"是有必要的，因为前期的领域模型不是面向实现的。例如，作为设计者，你必须注意：

- 领域模型中，是否已经区分了接口、具体类？
- 是否还遗留有"关联类"等没有任何编程语言能直接支持的概念？
- 为每个属性都定义了类型了吗？
- 类的方法或成员函数是不是都还没有定义？
- ......

细化"领域模型"时，模型调整和改变在所难免，如下两点是架构师尤其需要注意的：

- 比较而言，最初的"领域建模"并不区分"类"和"接口"，而是统统按"一般化的类"对待；到了"细化架构"的环节，则必须明确区分"类"和"接口"，并进一步将领域模型设计到可以编程实现的程度。
- 细化架构环节，还经常根据需要，把前期的类"降格"成属性、或者把前期的属性"升格"成类。

例如，第 7 章讨论过的 PM Suite 领域模型，"介绍-开始关系"等原本都建模成了类，现在，进行逻辑架构设计的"领域模型细化"时应该调整成属性。如图 10-20 所示，现在的"任务关系"类中有一个名为 task_ralation 的属性，其类型 TaskRelationContants 中就是枚举了 END_BEGIN、BEGIN_BEGIN 等 4 个常量代表原来的"4 个子类"。

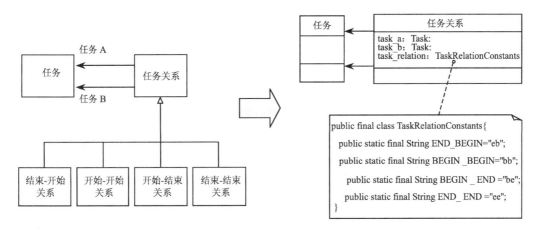

图 10-20　一个例子：把前期的领域类"降格"成属性

第 11 章
架构验证

好的策略必须一再求证、测试、发现瑕疵漏洞，另想途径或方法来弥补策略不足，有时甚至得全盘放弃，重新策划。

——张明正，《挡不住的趋势》

如果我们决定接受第一颗子弹，那么子弹到来得越早、越快，就对我们越有利。

——Robert C. Martin，《敏捷软件开发》

不值得验证的架构，就不值得设计。本章的主题是架构验证：

* 原型技术的分类、用途。
* 如何进行架构验证。

11.1 原型技术

原型技术的思想是：对感兴趣的问题先试试看，而故意忽略其他方面的要求，从而使"试试看"的成本远远低于"正式干"的成本。

根据实验和评估的结果，我们可以做出很多有意义的判断：

* 我们担心的风险是否真的存在。
* 通过开发原型是否找到了风险的解决办法。
* 下一步，我们是让项目继续还是将项目取消。

- 如果是悬而未决，我们是否要继续开发原型去探寻问题解决之道。

11.1.1　水平原型 vs.垂直原型，抛弃原型 vs.演进原型

具体而言，根据开发原型的目的是模拟系统运行时的概貌，还是纵深地验证一个具体的技术问题，可以将原型法分为两类：**水平原型**和**垂直原型**。

如图 11-1 所示，水平原型在一定程度上实现用户交互层的界面布局和界面流转逻辑。之所以说"或多或少"，是因为有高保真原型和低保真原型之分。低保真原型往往就是在白板上或文档中画出界面的草图。

垂直原型一个形象的隐喻是"垂直切片"，它往往是涉及不同的层，将为数不多的（甚至一个）功能真正地实现。

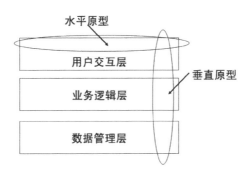

图 11-1　水平原型与垂直原型

另一方面，有些原型用过之后是注定要被抛弃的，而有些原型我们则希望把它们保留下来作为正式开发的基础。于是，根据所开发的原型是否被抛弃，我们又可以将原型法分为两类：**抛弃原型**和**演进原型**。

如表 11-1 所示，我们总结了原型法的两种相互独立的分类方式。

表 11-1　原型法的二维分类

	抛弃原型	演进原型
水平原型	水平抛弃原型	水平演进原型
垂直原型	垂直抛弃原型	垂直演进原型

任何一种使用广泛的技术，都可能被不同的人冠以不同的名字，原型技术也不例外。看看每种原型法的"外号儿"：

- 水平原型。又称行为原型；
- 垂直原型。又称结构原型；
- 抛弃原型。又称探索原型；
- 演进原型。似乎没有"外号儿"，不过它和增量开发的思想相同。

11.1.2 水平抛弃原型

水平抛弃原型很常用。有经验的开发人员（特别是系统分析员）都知道，大多数用户都不清楚他们想要什么样的系统，以及他们到底需要怎样的功能来辅助他们更好地完成工作任务；反倒是当切实地看到类似的软件系统时，通过他们的反馈和评价获取的信息中蕴藏着更多真实的需求——哪怕是他们看到了极其不喜欢的系统原型，也会表达出类似"我更喜欢如何"这样有价值的信息。因此，可以开发水平抛弃原型，模拟目标系统的界面布局和界面流转情况；通过观察用户模拟使用该原型系统的情况，听取用户的评价，和用户展开讨论等手段，来启发和捕获用户的真正需求。

正如前文所述，水平抛弃原型非常强调"通过故意忽略其他方面的要求来降低原型开发的成本"。的确如此，大多数用于需求启发的水平抛弃原型只注重模拟待开发系统的界面布局和界面流转情况，真正的业务逻辑都未实现，也没有任何数据库的连接生效。从而，我们可以采用如下方式快速地开发水平抛弃原型。

- 可视化设计工具：FrontPage、Dreamweaver 等；
- RAD 开发环境：VB、Delphi、JDeveloper 等；
- 脚本语言：PHP、JSP、Python、甚至 HTML 等；
- 白纸加画笔：或者用 Photoshop、Visio 或 Word 甚至 Excel 来代替。

图 11-2 是一个人事管理系统水平原型的例子，其中展示了 2 个页面（员工列表页面和员工详细信息页面）的界面布局，还展示了 1 个界面流转（从员工列表页面到员工详细信息页面的转换）是如何被触发的。

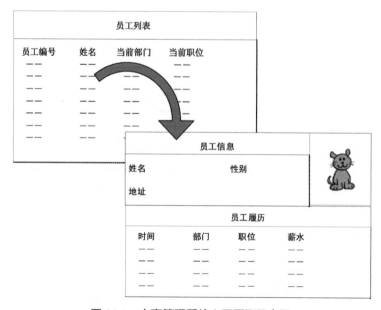

图 11-2 人事管理系统水平原型示意图

11.1.3　水平演进原型

水平演进原型似乎比水平抛弃原型少见得多，但这并不意外着它并不存在。很典型地，它往往和特定的 RAD 开发环境或特定的 Framework 的支持并存：

> 当采用 VB 或 Delphi 开发时完全可以这样做。（RAD 模式的开发现在好像冷落下来了，但它并没有消失，而是暂时潜伏下来，等待模型驱动开发的真正成熟。）

笔者认为，引领 Web 界面开发的面向对象风潮的 JSF 技术、Tapestry 框架等的出现，又为"高调应用"水平演进原型提供了机会——它们将为不懂得编程的美工通过"所见即所得"方式开发的界面原型"演进"成软件系统的一部分提供了基础。

当然，典型并不代表绝对，水平演进原型可以有别的用法。例如，经过多次水平抛弃原型的探索和逼近，所模拟开发的原型和最终系统的原型已经非常接近了，如果所采用的开发语言是一致的，那么可以把后期的原型作为演进原型使用。

11.1.4　垂直抛弃原型

垂直抛弃原型常用来进行技术验证。在很多项目中，常会有一些项目组并不熟悉的技术点，如果这些技术点对项目的成功与否影响重大，那么你应该通过开发垂直抛弃原型的方法，先演练演练它是否能帮助你解决预期的问题。

举个垂直抛弃原型的例子。笔者曾负责过一个 J2SE 的项目，其间，我们决定基于 J2SE 为自己的应用开发一个应用框架（相信不少读者听到过类似"J2SE 没有提供应用框架（Application Framework）"的批评吧）。正如你所知，用户可以通过多种手段发现指令给软件系统（就是 MVC 所指的多种 Controller）：

- 菜单中的菜单项。
- 工具栏中的按钮。
- 快捷键。

每种手段都要通过编程的方式和处理逻辑挂接起来，这对大型应用程序而言很不方便。因此我们决定在应用框架中提供"数据驱动"的方法来进行控制方式和处理逻辑的挂接，这需要使用反射（Reflection）技术来支持处理逻辑类的实例化。为此，我们开发了一个小的垂直抛弃原型，来验证反射机制是否能够帮助我们达到预期的目标。这个原型使我们实现了尽早降低风险的目标。

11.1.5　垂直演进原型

垂直演进原型大家都很熟悉。其实，它和迭代式软件开发所暗示的"多次交付，增量交付"的思想完全一致。

垂直演进原型方法强调逐步提供用户所要求的功能。在实践中，我们应当注重每个此次将提交的功能必须是可用的并具有或接近产品发布级的产品质量，而不是有些实践者所认为的无需达到发布级质量。垂直演进原型方法使我想起了一句流行语，这就是比"早发布，常发布"更激进的"永远只是 Beta 版"；其实，永远 Beta 版更多地强调的是整个产品的功能并未最终冻结，传统意义上的"Beta 版"的用户级测试的含义倒是位于其次了。

11.2　架构验证

现代软件开发非常注重尽早降低风险。所谓风险，就是如果你忽略了它的存在，它就会主动找上门儿来的那种家伙。因此，我们必须主动防范风险。

架构设计是现代软件开发中最为关键的一环，架构设计得是否合理将直接影响到软件系统最终是否能够成功。毕竟，软件架构中包含了关于如何构建软件的一些最重要的设计决策，如系统分为哪些部分、各部分之间如何交互，等等；而采用这些设计决策，能否使最终开发出来的软件系统满足我们预期的运行期质量属性（如性能、可伸缩性、持续可用性、鲁棒性、安全性等）和开发期质量属性（如可扩展性、可重用性、可理解性）的要求，都是悬而未决的重大风险。

因此，在以架构为中心展开大规模的系统开发之前，切莫别忘记先"问问电脑"——也就是通过将软件架构设计方案尽快实现为一个小的原型，并通过对该原型的测试和评审，来评估软件架构是否合理。

具体而言，验证架构有两种方法——**原型法和框架法**，每种方法所适用的情况有所不同。

11.2.1　原型法

对于项目型开发，常采用"原型法"。

其实准确而言是"垂直演进原型"：为了真实地验证架构的表现，必须将选定的功能特性完整地实现；另一方面，这个原型不是验证单个技术的运用是否可行的垂直抛弃原型，而是要对一组架构设计决策"对系统要求的非功能需求的满足程度"进行验证，所以这个垂直原型应该是演进型的，将直接作为后面分头开发的基础。有些读者可能会对 RUP（统一软件过程，Rational Unified Process）中提到的"可执行架构"感到困惑，其实它就是我们这里所讲的垂直演进原型。

实现架构原型时，代码要达到产品级质量，因为架构原型不是抛弃原型，而是作为演进原型，并且要成为下一步开发的基础。

当然，架构原型所实现的有限的功能需求应经过细心挑选，它们应该是能够"触发"主要的设计机制参与执行的、或有较高技术风险的、或最影响用户满意度的一些功能。一句话，这些功能要么是用户"最关心的"，要么是架构师"最担心的"。

我们必须让架构"跑"起来，从而对它进行真实的测试，测试的重点是质量属性的测试，而不是功能测试。为此，我们必须"营造"出想要的场景，可能要借助专门的工具或进行插桩测试等，在此不再展开。

11.2.2　框架法

对于产品型开发，采用"框架法"有更多优点。

所谓"架构验证的框架法"，就是将架构设计方案用框架的形式实现，并在此基础上进行评估验证。引入框架之后，整个"应用空间"的分割多了一个维度——框架实现与具体应用无关的通用机制和通用组件，这利于支持产品型开发的生命周期长、应用版本多等特点。当然，由于框架本身并不提供任何具体的应用功能，所以在把架构设计思想框架化之后，应在框架基础上实现部分应用的功能——即实现一个小的垂直原型，从而进行实际的非功能测试和开发期质量属性评价。

11.2.3　测试运行期质量，评审开发期质量

架构原型对功能性需求的实现非常有限，那么我们"架构验证"要验证什么？答案是要验证架构对质量属性需求的支持程度。

一是测试运行期质量。在"放手"实现功能需求之前，我们必须通过实际的测试，来验证架构对运行期质量属性的支持程度是否达到了要求，这是因为这些质量属性并不单纯和某个功能有关、而是系统架构的大局规划决定的。例如，如果通过测试，发现性能或可伸缩性达不到要求，就必须尽快调整架构设计。

二是评审开发期质量。架构设计方案还对开发和维护工作造成深远影响，所以必须尽早验证架构在开发期质量属性方面的表现，具体方法是让参与架构原型开发的人员进行评估。例如，架构设计方案的可理解性如何，基于此架构开发出的应用（当前是原型）的可测试性、可重用性如何等等。

图 11-3 归纳了验证架构的具体步骤。

- 首先，必须将架构设计方案付诸实现，得到的架构原型可以是纯粹的垂直演进原型，也可以是基于架构框架的原型。
- 之后，分头进行运行期和开发期质量属性的测试或评审，分别得到运行期质量的测试结果和开发期质量的评审结果。
- 最后，判定架构设计是否合乎要求，如果不合格，应决定下一步需要对架构的哪些方面进行重新设计。

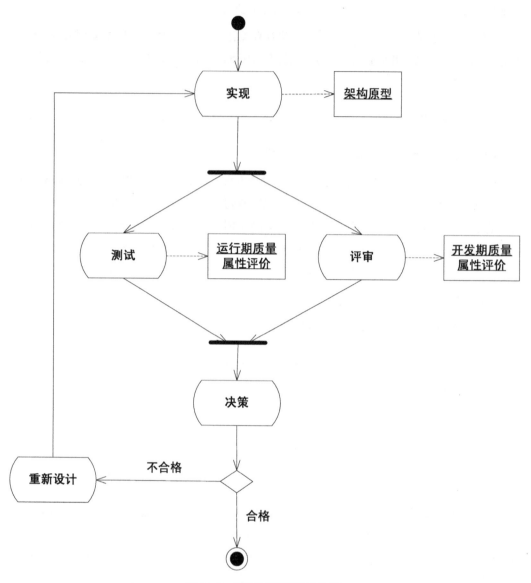

图 11-3　验证架构的具体步骤

　　最终，通过验证的架构设计方案就可以作为大规模开发的基础了，这时投入大量资源是合适的，因为重大的技术风险已在架构设计中得到了解决和验证。

第 3 部分

模块划分专题

第12章

粗粒度"功能模块"划分

> 为了成功管理大规模软件系统固有的复杂性，有必要提供一种途径把系统分解为子系统……在进行分解并小心定义子系统之间的接口以后，每个子系统就可以独立地设计。
>
> ——Hassan Gomaa，《用 UML 设计并发、分布式、实时应用》

> 目标是把功能相关、耦合度高的对象划分在一个子系统里……倘若参与同一个用例的对象，不是地理上分散的，那它们就是同一个子系统的候选者。
>
> ——Hassan Gomaa，《用 UML 设计并发、分布式、实时应用》

模块划分是架构师的"看家本领"，也是架构师这一岗位的"基本职责"，其重要性无需多说。程序员要向架构师转型，必须重点学习和掌握模块划分技能。

掌握模块划分，我们分 4 步进行。涉及，日常设计工作常用的功能树、分层架构、用例驱动、模块化等技巧：

（1）粗粒度的"功能模块"划分，应该怎么做？——本章讲。

（2）如何分层，如何分别封装各种"外部交互"？——第 13 章讲。

（3）从用例（需求）到模块划分结构（设计）的具体步骤？——第 14 章讲。

（4）水平切分（层）≠垂直切分（功能模块）≠通用专用分离。细粒度模块化时，怎样综合利用多种模块划分的手段技巧？——第 15 章讲。

12.1　功能树

12.1.1　什么是功能树

作为需求分析的手段，功能树（Function Tree）是一种框架性工具，有助于需求分析人员一层一层地选择确定系统必须具有的各项功能（Function）与特性（Feature）。

作为需求分析的成果，功能树是一种功能表达结构，它将"功能大类"、"功能组"和"功能项"的隶属与支持关系以"树"的形式呈现出来，非常直观。如图 12-1 所示，是一个功能树的例子（呼叫中心系统）。

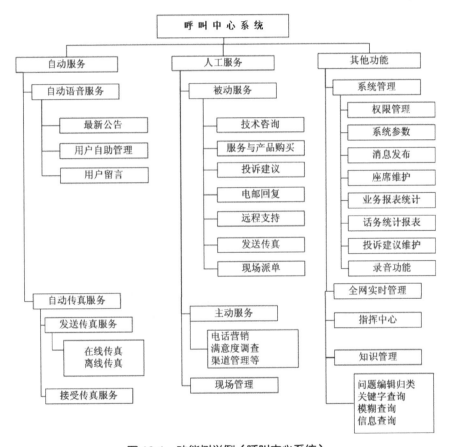

图 12-1　功能树举例（呼叫中心系统）

12.1.2　功能分解 ≠ 结构分解

架构设计中的"功能模块"分解，最常见的错误是将"功能分解"与"结构分解"混为一谈。例如，维基百科上的下述观点是错误的：

When used in computer programming, a function tree visualizes which function calls another.（用于计算机编程领域时，功能树可视化了功能之间的调用关系。）

软件架构设计为什么难？因为它是跨越现实世界（问题领域）到计算机世界（解决方案）之间鸿沟的一座桥（如图 12-2 所示）。需求分析的意图是明确"问题领域"，将要解决的问题以"功能+质量+约束"的形式定义下来。但需求做得再细（例如用例规约中详解描述了各种各样的意外场景、出错场景），也没有打破"系统是黑盒子"这一点。软件架构设计就是要完成从面向问题到面向解决方案的转换，切分结构、定义协作、选择技术……这显然已经"进入了系统黑盒内部"。

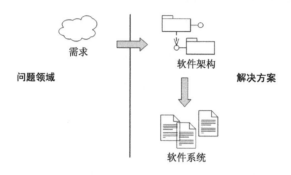

图 12-2　问题领域 vs. 解决方案

所以除非是极其简单的系统，否则必须区分"功能树"和"功能模块结构图"，它们根本不是一回事儿：

- "功能树"是一种功能分解结构，"功能模块结构图"则是对系统进行结构分解的结果示意图；
- "功能树"刻画的是问题领域，"功能模块结构图"刻画的是解决方案；
- "功能树"属于需求分析层面，"功能模块结构图"属于设计层面；
- "功能树"是架构师从上游（例如需求分析师那里）得到的，"功能模块结构图"则是架构师要亲自设计出来的。

12.2　借助功能树，划分粗粒度"功能模块"

软件研发是一项环环相扣的系统工程，需求分析到不到位、设计人员会不会充分利用需求文档等成果，对软件研发的成败都至关重要。

现在，你要将系统划分成 N 个粗粒度"功能模块"，那么最直接的帮助就是来自于"功能树"这一需求分析成果。

如何实践呢？

12.2.1　核心原理：从"功能组"到"功能模块"

从"功能组"到"功能模块"，是粗粒度功能模块划分的常见手段。

举例说明。现在，你要设计一个酒店管理系统，它为酒店前台人员、酒店经理、系统管理员等角色提供各种功能，如图 12-3 所示。

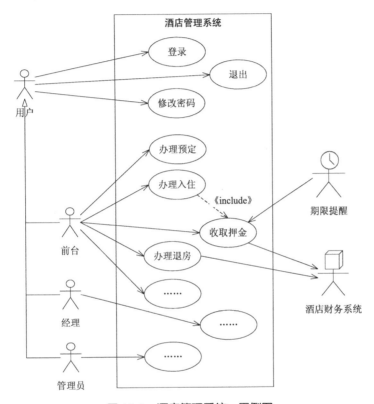

图 12-3　酒店管理系统：用例图

你作为架构师，为该系统设计了如图 12-4 所示的功能模块划分结构。整个系统包含资产管理、宾客服务、人员考核、系统维护等 4 个功能模块（外加 1 个名为角色与权限管理的通用模块）。

图 12-4　酒店管理系统：功能模块划分结构

但为什么这么设计，设计原理是什么呢？

现在来分析一下。每一个具体功能都不是仅由一个类（或一个 C 语言函数）实现的，而是由多个相互协作的不同的软件元素一起完成的。如图 12-5 所示。由图中设计我们可以看出，业务上紧密相关的一组功能实现涉及的元素也紧密相关、甚至是同样的元素。例如，"办理预定"、"办理入住"和"办理退房"这三个功能的实现，都涉及 Room 和 Reservation 等类，另外 PayManager 和 PrepayManager 职责相近实现相似（都调用 FinanceProxy），还有 CheckinManager 和 CheckoutManager 也以类似方式处理房间（Room）状态来实现。

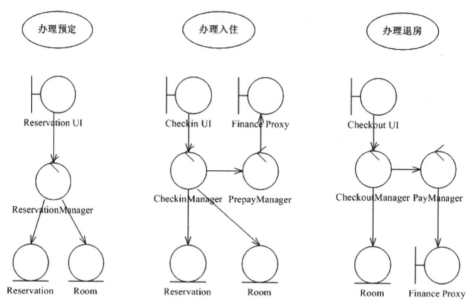

图 12-5　酒店管理系统：3 个功能的实现

于是，将"功能组"对应到大粒度"功能模块"，可以实现模块内的高内聚、模块间的松耦合。如图 12-6 所示，"办理预定"、"办理入住"和"办理退房"这些相近的功能，可以共享 ServiceManager、PayManager、Reservation 等程序实现——自然，还便于将这组功能分配给一个程序小组负责开发。

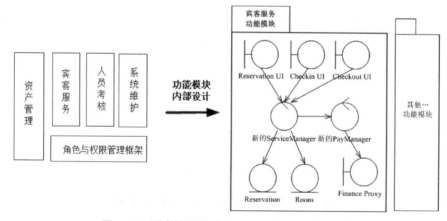

图 12-6　酒店管理系统：粗粒度功能模块结构图

12.2.2　第 1 步: 获得功能树

"什么" 文档定义功能树?

"谁" 能给你或和你讨论功能树?

"哪里" 有功能树的身影?

要获得需求, 总体而言有三种途径: 1) 拿到文档; 2) 进行沟通; 3) 分析产品。

具体来讲:

- 《软件需求规格说明书(SRS)》。

  ➢ 《SRS》应该系统化地描述各种功能, 是功能树最可能出现的地方。

  ➢ 《SRS》里如果没有 "显式地" 把功能树画出来, 你留意一下它的目录——目录的 "章-节-小节" 结构经常直观体现了功能树。

  ➢ 如果你希望尽早开始架构设计(《SRS》提交之前), 你可以关注更上游的文档, 或者借助沟通, 或者分析竞争对手的产品。

- 更上游文档。

  ➢ 《愿景文档》分析机会、陈述价值、刻画功能体系……功能树正堪其用。

  ➢ 《方案建议书》梳理需求背景, 明确设计原则, 刻画系统方案, 对比方案优势等等, 说明系统功能时可能使用功能树。

- 沟通+自画。

  ➢ 和业务人员、需求分析人员沟通, 获得信息, 自己梳理功能树。

- 分析产品。

  ➢ 如果你要设计的是产品的 4.0 版本, 何不研究 3.0 的产品、文档、市场彩页等, 获取信息。

  ➢ 当然, 也不要忽视竞争对手公司的产品资料。甚至可以运行它, 从它的 UI 界面中你可以获得很多帮助, 自己梳理功能树。

下面举四个例子。你将发现有用的一点: 功能树除了 "树状结构" 之外, 还可能是 "列表结构"、"表格结构" 或者 "功能框图结构" 等。

第一个例子, 从需求文档中找功能树。如图 12-7 所示, 右边为一份定义良好的《SRS》的部分目录, 左边为 "功能框图结构"。案例背景是 CRM 系统。

第二个例子, 从市场材料中找功能树。如图 12-8 所示,《市场彩页》中, 功能树绝对是 "常客"。案例背景是酒店综合管理系统。

第三个例子, 从方案书中找功能树。如表 12-1 所示,《方案建议书》中全面列举了系统功能。案例背景是汽车生产行业 ERP 系统。

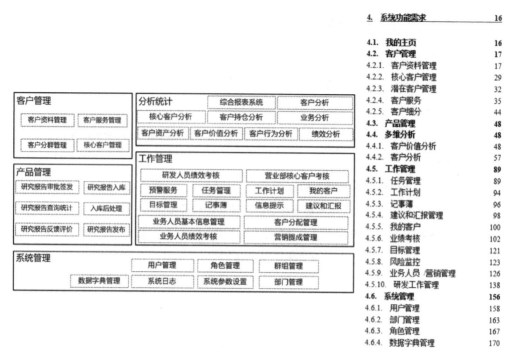

图 12-7 《SRS》是功能树最可能出现的地方

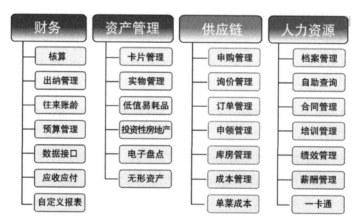

图 12-8 功能树常见于产品的市场彩页中

表 12-1 《方案建议书》中的系统功能表

业 务 类 别	部 门	关键业务功能
基础管理	各部门	产品目录管理
		客户基础管理
		仓库基础管理（库区库位）
		配送基础管理
		生产线基础数据管理

业 务 类 别	部　　门	关键业务功能
基础管理	各部门	质量控制标准基础管理 项目基础管理 物料目录信息管理 供应商基础管理
客户管理	市场 财务 物流	合同管理 产品价格管理 订单管理 销售开票管理 销售退换货管理 售后服务管理 销售统计报表
物流管理	物流 市场 生产 财务	订单评审管理 物料需求计划管理 物料库存管理 物料库存预警管理 成品库存管理 配送订单管理 成品发货管理 生产备料管理
生产管理	生产 财务	生产计划管理 生产订单管理 生产统计管理 设备管理
质量管理	质保 物流 生产	材料检验管理 成品检验管理 售后质量反馈 不合格品管理 （评测、退货、返修、拆解、报废处理）
采购管理	物流 财务	采购计划管理 采购订单管理 采购作业管理 供应商考核管理 （供货质量、价格、交货期保障、服务）
财务管理	财务 业务部门	总账、报表管理 应收、应付账管理 资金管理、开票管理 成本核算管理 固定资产管理

续表

业 务 类 别	部 门	关键业务功能
人力管理	人力行政 业务部门	组织岗位管理 人员信息管理 系统授权管理 工资管理
项目管理	工程 业务部门	项目计划与进度管理 项目资源管理
产品数据管理	工程	产品 BOM 配置管理 工程变更管理

第四个例子，分析产品提炼功能树。例如一个设备管理系统（可以是本公司的或竞争对手的），图 12-9 是一般用户的主界面，图 12-10 是系统管理员的权限设置对话框。

- 主界面左边的 Pane，展现给用户的就是一个标准的功能树，树的叶子就是一个个可供用户使用的功能项。

- "权限设置"对话框，支持系统管理员为每个功能项设置用户访问权限，也采用了功能树来呈现所有功能项。

- 两个界面给出的功能树是一致的，都包含"设备购置"、"设备台账"、"设备转资"等共 7 个功能组。

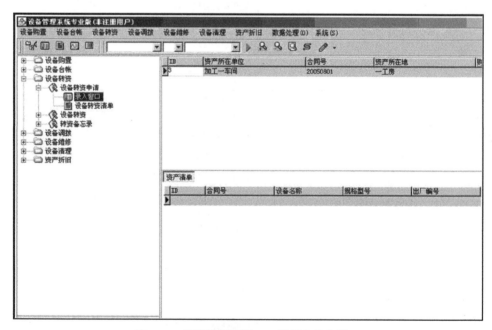

图 12-9　设备管理系统：一般用户的主界面

图 12-10　设备管理系统：系统管理员的权限设置对话框

12.2.3　第 2 步：评审功能树

希望通过功能树启发自己进行功能模块划分的架构师，首先不能被 "假的功能树" 骗了。也就是说，架构师得在一定程度上掌握 "功能树" 这种需求技能：

- 例如设备管理系统，图 12-11 所示的号称是 "功能树" 的结构，其实是 "界面转换图"（若是 Web 系统则称为 "页面流程"）。既然根本不是功能树，当然也不能得到 "正确的" 功能模块划分。
- 对比而言，图 12-12 所示才是功能树。上级节点是高一级 "功能组"，下级节点是 "细分功能"，上下节点之间是隶属与支持的关系。

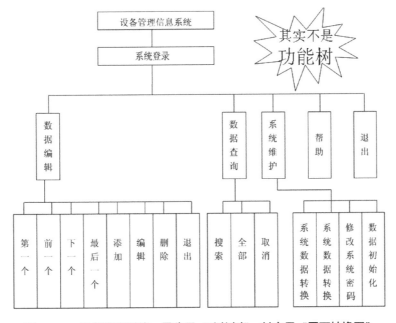

图 12-11　设备管理系统：号称是 "功能树"，其实是 "界面转换图"

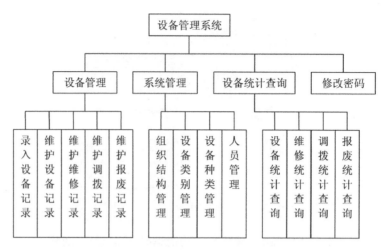

图 12-12 设备管理系统：这个才是"功能树"

那么，什么样的功能树算是"定义良好"的功能树呢？我们应该从如下两个方面评判功能树是否合理（不满足要求的功能树则应进行改进）：

- 一是面向使用，体现使用价值；
- 二是覆盖全面，没有范围遗漏。

如图 12-13 所示，这是一个比较差的功能树，因为它不满足上面"面向使用"和"覆盖全面"的任何一条要求。"金额累加"是功能吗？"故障报警"功能有吗？上货人员的功能何在？钱匣要不要控制？哪个"功能"（需求）能启发架构师发现"钱匣控制"模块（设计）？……如果一个更复杂系统的功能树这么画，岂不是死定了！

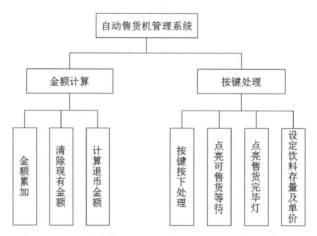

图 12-13 自动售货机管理系统：一个比较差的功能树

12.2.4 第3步：粗粒度"功能模块"划分

如前两步所述，架构师知道如何与需求人员打交道、如何评价拿到的需求，是架构岗位本身应有的技能,也是架构师作为"通才"的一个例证。

下面就是划分"功能模块"的技能了。

如图 12-14 所示。一方面,业务上紧密相关的一组功能在实现上也常会涉及相同的函数、类、数据结构等,因此我们应该将"这组功能"映射到一个"功能模块",这样有利于设计的高聚合、松耦合,还有利于程序小组之间的分工。

另一方面,一些公共服务(例如报错处理、Log 日志、安全验证)会用于同时支持多组功能的实现,它们不单独属于任何"功能模块",应当进行独立的模块化——将这些公共服务分别放入相应的"通用模块"或"通用机制"中。

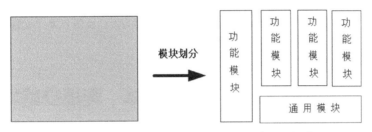

图 12-14 粗粒度功能模块划分,并分离通用模块

12.3 实际应用(9)——对比 MailProxy 案例的 4 种模块划分设计

12.3.1 设计

根据从功能树到功能模块划分的思路,MailProxy 的模块划分结构如图 12-15 所示。

图 12-15 MailProxy 系统模块划分设计:粗粒度功能模块划分

12.3.2 设计的优点、缺点

优点:

- 立足用户需求展开思维,不容易遗漏功能。一个表现是,设计可能很糟,程序员也抱怨架构,但功能基本上能提供。(太经典了,很多企业研发现状的写照,你的身边有

没有这种情况？）

- 便于按业务功能分工，分工后的不同程序小组也易于独立工作。

缺点：

- 设计不到位，功能模块（就是子系统）太粗粒度了，缺乏对于模块之间交互关系的定义。
- （因此）不利于模块复用。一个功能应该由不同模块的协作完成，只有这样才利于模块重用。
- （因此）各小组有重复代码。
- （因此）无益于发现技术风险、控制技术风险。例如，要和外部哪些系统交互、如何交互，通通没考虑没涉及——显然，这些重要的设计决策不是"实现细节"，却被我们贴上"实现细节"的标签直接"无视"了。

12.4 实际应用（10）——做总体，要提交啥样的"子系统划分方案"

在电子、军工、系统控制等领域，常说的"总体架构"、"总体设计"，是否就是"功能子系统"的划分呢？

在行业应用、商业软件等领域，常说的"总体架构"、"设计方案"，是否就是"功能子系统"的划分呢？

不是。设计总体架构时，最常见的"陷阱"就是划分完功能子系统就"了事儿"了。

类似图 12-16 所示的"业务模块划分结构"，经常有人以之为"总体架构"。对不起，错了。这样做带来三大问题：1）后续研发任务不明确，2）细粒度功能上有重叠，3）代码级的重复在所难免。

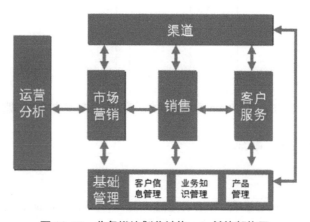

图 12-16 业务模块划分结构 ≠ 总体架构图

那么，做总体架构设计，要提交啥样的"子系统划分方案"呢？类似图 12-17 所示的结构，总应该行了吧？

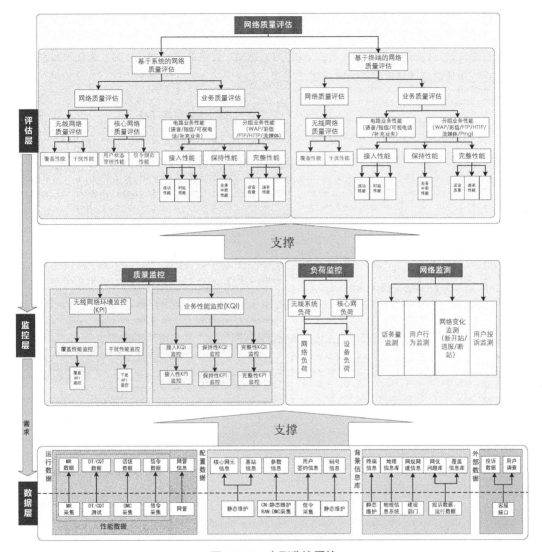

图 12-17　大型监控系统

回顾本书第 9 章，我们其实已经给出了答案。总体架构设计，将一个综合"系统"切分成多个"顶级子系统"，每个"顶级子系统"都应该是可交付的实体（而不是虚的抽象实体）——具体而言，总体架构设计要明确把系统切分成后端系统、前端系统、底层嵌入式系统、中间件系统这些"顶级子系统"，并且把要开发哪些 API、哪些程序库（Library）、哪些后端驱动程序、哪些前端插件等也作为特殊的"顶级子系统"尽早明确出来。

无论是图 12-16、还是 12-17 所示的结构图，都有用，但到位的总体架构方案必须补充"可交付的顶级子系统划分视图"才利于后续研发任务的明确，进而进行工作量估算、研发成本估算，以及并行化的研发活动的开展……

举例来说，第 9 章的 PM Suite 方案的"可交付的顶级子系统划分视图"如图 12-18 左边所示，而图右边仅仅是表示"需求范围"的"业务域结构框图"（也常被称为"业务模块图"）。图中的"可交付的顶级子系统划分视图"明确了后续的系统研发任务：1）提供项目管理核心服务的后端系统，2）支持第三方二次开发的 API，3）为用户提供的 Web 前端，4）为让项目经理更高效地进行项目进度计划而提供的客户端。

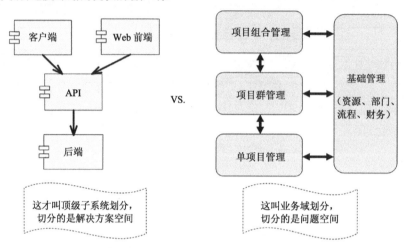

图 12-18　"可交付的顶级子系统划分视图" vs. "业务域结构框图"

第 13 章

如何分层

熟悉的地方没有风景？其实不尽然。架构师们千万别用这句话作为不深入研究分层架构的理由。

——温昱，《一线架构师实践指南》

在架构设计初期 100%的系统都可以用分层架构，就算随着设计的深入而采用了其他架构模式也未必和分层架构矛盾。

——温昱，《一线架构师实践指南》

王太太烧鱼时总是将鱼切成三段，丈夫不解其意，问原因。答曰：我妈妈就是这样做的。问王太太的妈妈，回答又是：我妈妈就是这样做的。……最后，妈妈的妈妈揭晓了答案：原来那时家里穷买不起大锅，偶尔吃顿鱼就只好把鱼切成三段才能放进锅里！

这个故事还有另一个版本。王太太烙饼时总是把饼的外面一圈切掉，丈夫不解其意，问原因。答曰：我妈妈就是这样做的。问王太太的妈妈，回答又是：我妈妈就是这样做的。……最后，妈妈的妈妈揭晓了答案：原来那时家里穷买不起大锅，只有把摊得太大的饼的外圈切掉才能放进锅里！

上述故事说明，"学样儿"未必适合，"知其所以然"才是王道。

程序员向架构师转型，对分层架构当然得从"学样儿"开始，但应该力求尽早"悟道"——精通分层架构设计对架构师岗位太有必要了，因此程序员能够知"分层架构设计"之所以然，起码是向架构师岗位迈进了一大步。

本章讲解如何合理分层。

13.1 分层架构

13.1.1 常见模式：展现层、业务层、数据层

展现层 + 业务层 + 数据层，这种分层架构模式很常见：

- 层的职责。

  ➢ 展现层，或称为表现层，用于显示数据和接收用户输入的数据，为用户提供一种交互式操作的界面。

  ➢ 业务层，或称为业务逻辑层，用来处理各种功能请求，实现系统的业务功能，是一个系统最为核心的部分。

  ➢ 数据层，或称为数据访问层，主要与数据存储打交道，例如实现对数据库的增、删、改、查等操作。

- 层间关系。

  ➢ 展现层会向业务层传递参数，发出服务请求，并获取业务层返回的信息显示在界面上。

  ➢ 业务层接收展现层的命令，解析传递过来的参数，判断各种合法性，并具体实现功能的各种"运算"要求，返回展现层所要的信息。

  ➢ 数据访问层不能被展现层直接调用，而必须由业务层来调用。

13.1.2 案例一则

分层架构有一些显而易见的好处：1）它实现了一定程度的关注点分离，利于各层逻辑的重用；2）它规范化了层间的调用关系，可以降低层与层之间的依赖；3）如果层间接口设计合理，则用新的实现来替换原有层次的实现也不是什么难事。

例如，《基于动态链接库的复杂信息系统分层框架设计》一文中（http://www.ahcit.com/lanmuyd.asp?id=3123 ）：

- 用图 13-1 刻画三层架构，体现了层之间的经典调用关系；
- 图 13-2 进一步说明了分层架构下的模块重用。即图中的业务层之"模块 2"和数据访问层之"模块 2"，都在一定程度上被重用了。

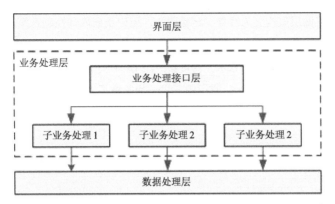

图 13-1　三层架构示意图（图片来源：刘立辉、孟庆鑫的文章
《基于动态链接库的复杂信息系统分层框架设计》）

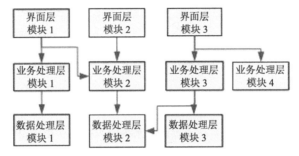

图 13-2　三层架构示意图（图片来源：刘立辉、孟庆鑫的文章
《基于动态链接库的复杂信息系统分层框架设计》）

13.1.3　常见模式：UI 层、SI 层、PD 层、DM 层

"UI 层 + SI 层 + PD 层 + DM 层"四层架构（如图 13-3 所示）：

- UI 层，即用户界面层（User Interface）。负责封装与用户的双向交互、屏蔽具体交互方式。
- SI 层，即系统交互层（System Interaction）。负责封装硬件的具体交互方式，以及封装外部系统的交互。
- PD 层，即问题领域层（Problem Domain）。负责问题领域或业务领域的抽象、领域功能的实现。
- DM 层，即数据管理层（Data Management）。负责封装各种持久化数据的具体管理方式，例如数据库系统、二进制文件、文本文档、XML 文档、Flash 存储结构。

图 13-3　四层架构

作为架构模式，四层架构更为经典。这是因为，无论是嵌入式控制系统，还是比较复杂的业务应用系统，三层架构都不够用——因为它缺少负责封装硬件访问、外部系统交互的专门的层。

前述三层架构也比较常用，但其实，它只是"UI 层 + SI 层 + PD 层 + DM 层"四层架构的一种具体应用罢了。如图 13-4 所示，常用的三层一是忽略了"系统交互层"，二是单独提炼出了"业务实体层"。

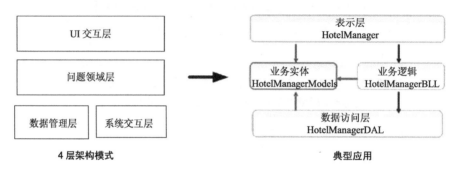

图 13-4　三层架构是四层架构模式的具体应用

13.1.4　案例一则

有设计者（http://fangjie.csai.cn/）在设计网管系统时，采用了如图 13-5 所示的分层架构方式，其实就是我们刚讲到的四层架构。

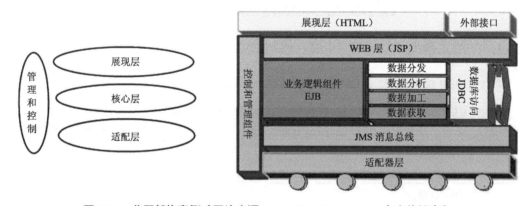

图 13-5　分层架构案例（图片来源：http://fangjie.csai.cn/ 方杰的博客）

这位设计者（http://fangjie.csai.cn/）写道：

* 管理控制部分完成系统内部的管理和相关控制；
* 适配层实现和被管节点（设备、网络、系统等）之间的连接，包括数据的采集或控制数据的下传；

　　——点评：经典的 SI 层，负责封装被网管软件管理的设备、网络、系统的具体交互方式。

* 核心层是系统的功能业务实现层和数据处理中心，包括多个业务功能组件；

- 展现层是应用实现的接口，包括各种人机界面对外接口。

  ——点评："对外接口"部分不属于 UI 层。"对外接口"中如果有负责和外部系统双向交互的逻辑（例如事件队列），则应该划归"SI 层"；否则，"对外接口"其实是"PD 层"所提供服务的可远程访问的二次封装。

13.2　分层架构实践技巧

13.2.1　设计思想：分层架构的"封装外部交互"思想

无论是更严谨的"UI 层 + SI 层 + PD 层 + DM 层"四层架构，还是简化之后的"展现层 + 业务层 + 数据层"三层架构，都包含着明显的"封装"设计思想——更具体而言，是"封装外部交互"（如图 13-6 所示）：

- 外部用户——通过"UI 交互层"封装与其的交互。
- 外部系统——通过"系统交互层"封装与其的交互。
- 底层硬件——通过"系统交互层"封装与其的交互。
- 文件系统或数据库系统——通过"数据管理层"封装与其的交互。

  ……

于是，"业务层"或"PD 层"，就不需要"知道"上述这些交互细节，可以更专注地关心领域本身的逻辑了。

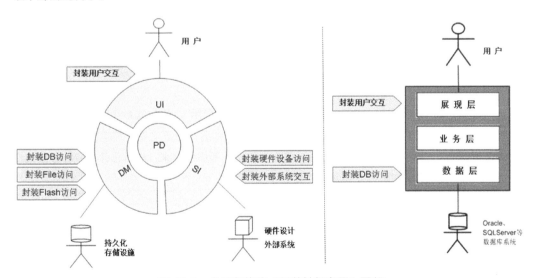

图 13-6　分层架构的"封装外部交互"思想

13.2.2　实践技巧：设计分层架构，从上下文图开始

根据需求，设计出合理的架构，是架构师岗位的核心职责。从需求到设计的各种具体技巧，正

是设计者们实际工作所需要的。下面讨论如何从上下文图这种需求描述过渡到分层架构的设计。

【从需求】上下文图

令人高兴的是，"分层架构封装外部交互"的思想的确把我们"拉"回到了需求层面。我们的具体问题变成了：哪种需求技巧能简单利索、直截了当地把"系统和外部的关系"刻画清楚呢？

上下文图啊！

正如本书"第5章 需求分析"讲解过的，上下文图画法常用的有三种：1）顶层数据流图、2）将System处理成黑盒的用例图、3）PowerPoint等绘制的框图。在此不再赘述。

笔者推荐，无论采取哪种画法，架构师都要借助上下文图这种"需求技巧"，把系统外部的如下4种事物都识别到位。

1）外部用户：终端用户、管理员。

2）文件或数据库等持久化存储设施：关系数据库、实时数据库、Flash、一般文件、分布式文件系统等。

3）外部系统与底层硬件。

例如携程网的在线订票系统，银行账务系统或第三方支付系统就是外部系统。而针对一个网管系统，要管理的硬件设备就是"外部系统"——底层硬件内部往往有处理器和嵌入式程序，从这个意义上它就是一个"系统"。

4）时限触发机制。

出现在用例图中时是个"脑袋为时钟的小人儿"，用来表达"时间到……则……"的触发条件。必须说明，时限触发机制从最终实现来说不一定都属于"系统外部"，但利于我们设计架构时决定是否单独引入"时限任务触发层"。

【到设计】如何分层

无论是要设计EAI应用（例如金融、电力、物流领域应用）、嵌入式系统（例如交换机）或是软硬件密集型系统（例如汽车电子系统），都推荐架构师通过上下文图，简单高效地把待开发软件系统中要封装的硬件、要控制的设备、要交互的系统都识别出来，然后设计相应的分层架构并决定每一层的职责（如图13-7所示）：

- UI交互层是否存在？

    ——例如，程控交换机的呼叫处理软件，没有UI层。

- UI交互层的职责包含哪几部分？

    ——例如，管理员界面、业务用户界面、报表功能界面。

- 系统交互层是否存在、包含哪几部分？

    ——例如，和哪些外部系统交互，采用专用SDK、特定协议，还是其他方式进行交互？

- 数据管理层是否存在、包含哪几部分？

    ——没有持久化需要（Flash存储、文件、数据库），就不包含数据管理层。

- 问题领域层的职责包含哪几部分？

    ——问题领域层一定存在。

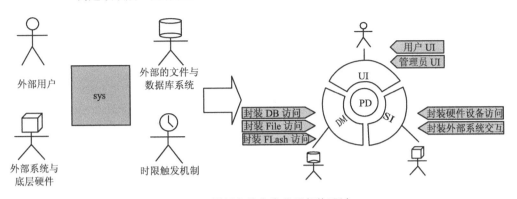

图 13-7　外部实体启发分层架构设计

如果把上下文图研究到位，就能够给分层架构的具体设计方式提供实实在在的启发。

13.3　实际应用（11）——对比 MailProxy 案例的 4 种模块划分设计

13.3.1　设计

根据运用分层架构封装外部交互的原理，MailProxy 的分层架构如图 13-8 所示。

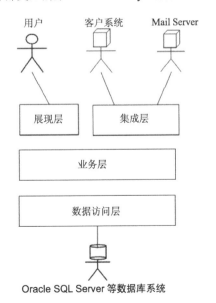

图 13-8　MailProxy 系统的分层架构设计

13.3.2 设计的优点、缺点

优点

→ 层次结构清晰，技术关注点在一定程度上被分离。

→ 基于分层架构进行分工，程序员将分属 UI 组、数据库组、集成组等，有利于技能的专业化提升。

缺点

→ 没有划分出细粒度模块。（当然，后续在层内进行细粒度模块划分，已经比较容易了。）

第14章

用例驱动的模块划分过程

Use Case 仅提供了设计所需要的所有黑盒行为需求。

——Alistair Cockburn，《编写有效用例》

"Use Case 驱动"的观点既有积极意义也有不利影响。从积极的方面看，Use Case 这种需求描述方式确实有助于分析模型、设计模型、实现模型和测试模型的建立……但是从另一方面看，OOSE 对 Use Case 的依赖程度超出了它的实际能力。

——邵维忠，《面向对象的系统设计》

用例技术，是功能需求实际上的标准。应用用例技术的企业和个人都非常多。既然如此，深刻领会如何从作为需求的用例过渡到模块划分设计，就大有现实意义了。

这就是本章的主题——用例驱动的模块划分过程。

14.1 描述需求的序列图 vs. 描述设计的序列图

本节解决两个问题：

- 首先，说明描述需求的序列图、与描述设计的序列图之不同，前者刻画的是"内外对话"，后者刻画的是"内部协作"。
- 然后，关注《用例规约》的事件流说明，理清序列图和需求之间的"渊源"，能打通需求到设计的转换环节，离设计的成功就不远了。

14.1.1 描述"内外对话" vs. 描述"内部协作"

如图 14-1 所示，这是一个典型的描述设计的序列图。不难看出，需要 obj1、obj2、obj3 这三个对象进行"协作"才能完成特定功能（用例）：

- obj1 负责接收来自系统外部的 actor 的请求，如图中"消息 1"所示。例如，用户（人）点击了 UI 界面按钮。例如，网关（系统）发送"呼叫信令"到呼叫处理系统。

- 然后，obj1 会调用 obj2，如图中"消息 1.1"所示。

- 之后，obj2 处理完毕返回，如图中"消息 1.2"所示。

- 此时，obj1 又获得了控制权，它处理完毕后会响应外部 actor，如图中"消息 2"所示。例如，UI 显示操作结果（给人）。例如，呼叫处理系统发送应答（给外部系统）。

- ……

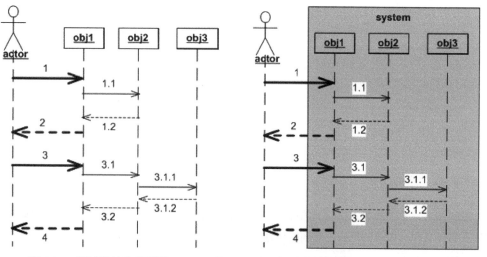

图 14-1　描述设计的序列图　　　图 14-2　描述设计的序列图中，一半"交互"来自需求

接下来，为了从设计"追根溯源"到需求，我们问自己：在描述设计的序列图中，哪些"交互"来自需求级的用例，哪些"交互"出自架构师的设计呢？

如图 14-2 所示，我们在序列图中明确显示出"系统（System）"的位置。如此一来，就一目了然地看出，"消息 1"、"消息 2"和"消息 3"来自需求，因为它们刻画的是外部 actor 和 system 的"对话过程"，经典的方式是在《用例规约》的"事件流"小节描述；而"消息 1.1"、"消息 1.2"、"消息 3.1"和"消息 3.1.1"等才是出自架构师的设计。

如图 14-3 所示，左边是描述需求的序列图，右边是描述设计的序列图。我们看到，需求级的、在用例规约中刻画的"actor 和 system 黑盒的交互序列"，在设计时要被真正支持起来——变成了设计级的、在序列图中刻画的"actor 和 N 个设计对象的交互序列"。这正是架构师根据用例，进行"用例驱动"设计时要做的核心工作。

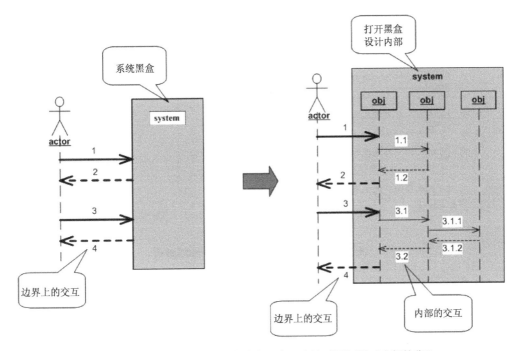

图 14-3   从用例到设计过渡的关键：从"内外对话"到"内部协作"

描述需求的序列图，描述的是"内外对话"。

描述设计的序列图，描述的是"内部协作"。

从"内外对话"到"内部协作"，打破黑盒、设计内部，就是从用例到设计过渡的关键。

14.1.2 《用例规约》这样描述"内外对话"

我们经常见到，《用例规约》是采用文本方式来描述事件流的。如图 14-4 所示，用例规约中的事件流描述，每个句子的"主语"：

- 要么是"各种外部 actor"（图中是"银行工作人员"和"客户"）。
- 要么是作为黑盒的"待开发系统"（图中是"系统"）。

整体来看，事件流描述了一幅"内外对话"的场景。

1. 用例名称：
   销户
2. 简要说明：
   帮助银行工作人员完成银行客户申请的活期账户销户工作
3. 事件流：
   3.1 基本事件流
       1) 银行工作人员进入"活期账户销户"程序界面；
       2) 银行工作人员用磁条读取设备刷取活期存折磁条信息；
       3) 系统自动显示此活期账户的客户资料信息和账户信息；
       4) 银行工作人员核对销户申请人的证件，并确认销户；
       5) 系统提示客户输入取款密码；
       6) 客户使用密码输入器，输入取款密码；
       7) 系统校验密码无误后，计算利息，扣除利息税（调用结息用例），计算最终销户金额，并打印销户和结息清单；
       8) 系统记录销户流水及其分户账信息。
   3.2 扩展事件流
       ① ……

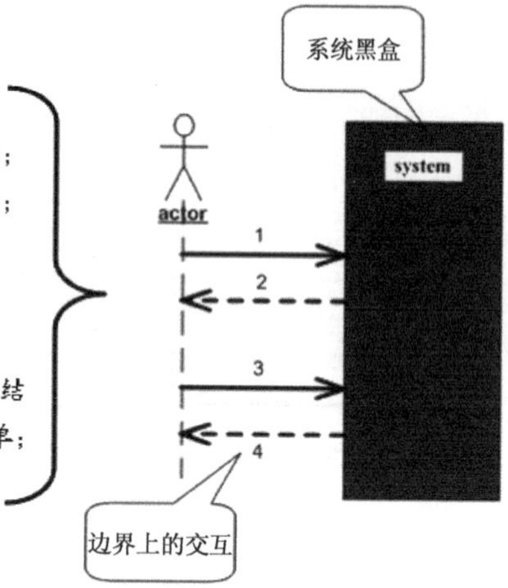

图 14-4　确认：用例规约和序列图的渊源

如果我们乐意，完全可以不用文本方式，而用序列图方式刻画事件流。这时序列图展现的，依然是"待开发系统"和"各种外部 Actor"之间的"内外对话"。

至此，我们已洞察从"用例规约"所表达的需求（无论是文本事件流方式，还是序列图事件流方式），向"序列图"表达的设计过渡的关键思维。

14.2　用例驱动的模块划分过程

在第 12 章中我们讨论了粗粒度"功能模块"划分，功能相近的一组用例一般被划分到了同一个"功能模块"。——但这还远远不够，也算不上"用例驱动"的设计思想。

下面，我们解析"用例驱动"的本质思想，讨论从用例到类，再到模块划分的关键思路。

14.2.1　核心原理：从用例到类，再到模块

回顾问题。用例是需求，架构是设计。用例驱动的架构设计，从用例到模块划分结构，是怎么过渡的呢？（如图 14-5 所示。）

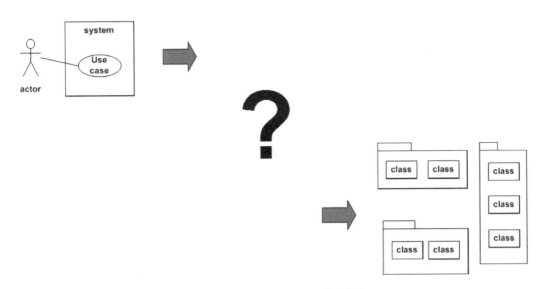

图 14-5　从用例……到模块划分结构

关键过渡是一组对象的相互协作。所谓协作，是一组对象为了实现某个目的而进行的交互。这里，实现"某个目的"就是实现"用例"定义的功能，而"一组对象"就是用例实现所需要的那些程序元素。我们最熟悉的序列图，就是围绕一个功能的一组对象的协作。

如图 14-6 所示，从用例，中间经过序列图建模识别出一系列对象，这些对象的合理分组就可促进我们定义出系统的模块结构。

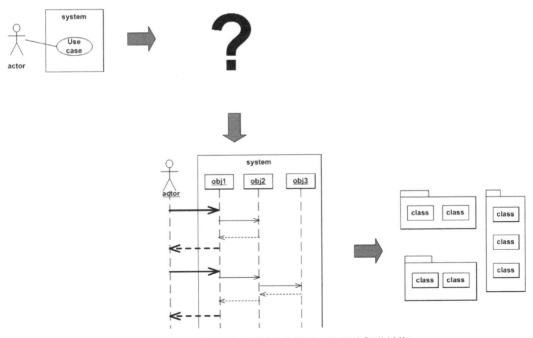

图 14-6　从用例，到一组对象的协作，到模块划分结构

229

现在，将思路补充完整。如图 14-7 所示，刻画了我们从"需求层"到"设计层"的总体思维路径，简称"两环节、四步骤"：

- 需求分析环节。

  ➢ 一方面用例图定义系统能提供给外部 Actor 的功能，此步在先；

  ➢ 另一方面，用例规约（用例图可不够）进一步将笼统的"功能"明确定义为"能够为用户带来价值的交互序列"，但仍保持系统作为"黑盒"，此步在后。

- 架构设计环节。

  ➢ 一方面，打破"黑盒"，识别一个用例背后有哪些类，以及设计类之间的交互，此步在先；

  ➢ 另一方面，梳理通过多个用例识别出的这些类，并将它们划分到不同模块，此步在后。

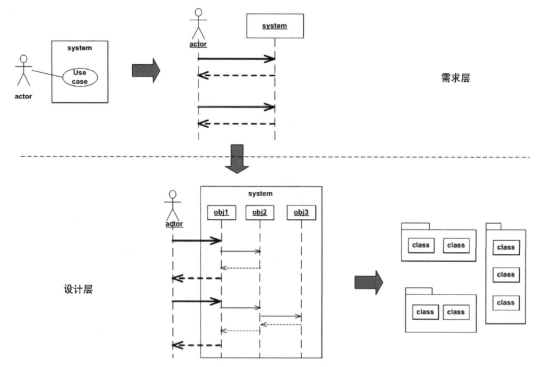

图 14-7　从用例，到用例规约，到一组对象的协作，到模块划分结构

聚焦架构设计环节，用例驱动的模块划分过程如图 14-8 所示。

- 第 1 步：回答"实现用例需要哪些类"的问题——运用鲁棒图、序列图。
- 第 2 步：回答"这些类应划归哪些模块"的问题——运用包图等。

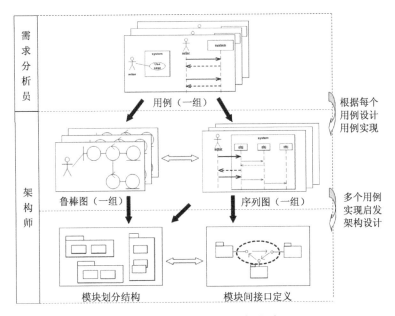

图 14-8 用例驱动的模块划分过程

14.2.2 第 1 步：实现用例需要哪些类

【技术 1】运用鲁棒图，发现实现用例需要哪些类

如果系统复杂，或者你不太熟悉领域，可以借助鲁棒图来一步步发现用例（功能）背后应该有哪些类。

例如，类似 WinZip、WinRAR 这样的压缩工具大家都用过。下面请一起来，运用鲁棒图为其中的"压缩"功能进行设计。关键技巧是"增量建模"。

首先，识别最"明显"的职责。对，就是"你自己"认为最明显的那几个职责——不要认为设计和建模有严格的标准答案。如图 14-9 所示，"你"认为压缩就是把"原文件"变成"压缩包"的处理过程，于是识别出了三个职责：

图 14-9 增量建模：先识别最"明显"的职责

- 原文件。

231

- 压缩包。
- 压缩器（负责压缩处理）。

接下来，开始考虑职责间的关系，并发现新职责。"压缩器"读"原文件"，最终生成"压缩包"——嗯，这里可以将"打包器"独立出来，它受了"压缩器"的委托而工作。哦，还有"字典"……如图 14-10 所示。

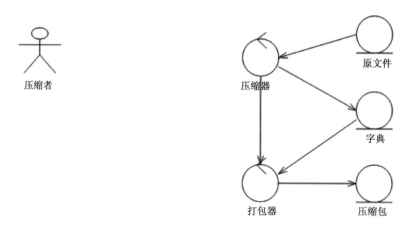

图 14-10　增量建模：开始考虑职责间关系，并发现新职责

继续同样的思维方式。（别忘了用例规约定义的各种场景是你的"输入"，而且，没有文档化的《用例规约》都没关系，你的头脑中有吗？）图 14-11 的鲁棒图中间成果，又引入了"压缩配置"，它影响着"压缩器"的工作方式，例如加密压缩、分卷压缩或是其他。

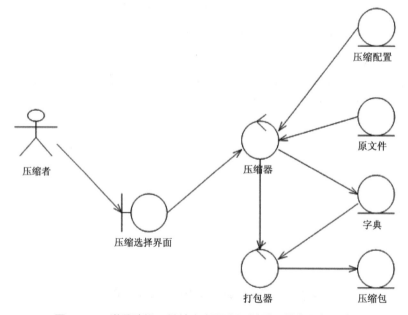

图 14-11　增量建模：继续考虑职责间关系，并发现新职责

……最终的鲁棒图如图 14-12 所示。压缩功能还要支持显示压缩进度，以及随时取消进行了一半的压缩工作，所以，"你"又识别出了"压缩行进界面"和"监听器"等职责。

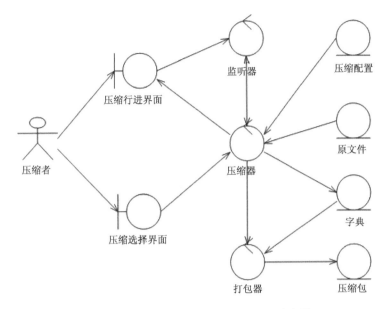

图 14-12　增量建模：直到模型比较完善

【技术 2】运用序列图，明确类之间的交互关系

UML 图"怎么画"是一件相对简单的事，确定 UML 图里"画什么"才是最难的。因为后者就是设计工作本身了。所以，设计者应注意培养自己"运用 UML 图来辅助思维并启发思考"的能力，特别是注意积累一些高效建模的技巧。

继续设计上面的案例 WinZip。上面讲到的"增量建模"技巧，在画 UML 序列图时应注意"先大局、后细节"。

……为了完成"压缩"功能，我们通过鲁棒图识别了界面（UI）、压缩器（Zipper）、打包器（Packager）、监听器（Listener）、压缩配置（ArchiveCmd）等类，图 14-13 展示了序列图建模第 1 步的设计。运用"先大局、后细节"的设计思维：

- 界面负责和用户交互，之后界面创建一个对象名为 cmd 的 ArchiveCmd 类实例；
- 界面调用压缩器的 Zip( )方法，传递参数 cmd；
- 压缩器进行循环处理，循环继续的条件是还能够成功地"Get Next File（得到下一个待压缩文件）"；
- 针对每个 file，都要进行压缩处理，其中还会涉及在内存中缓冲保存、最终写入压缩包、分卷处理等许多设计，因此不要一下展开这些设计，先封装到一个 ZipOneFile (file)方法中。

233

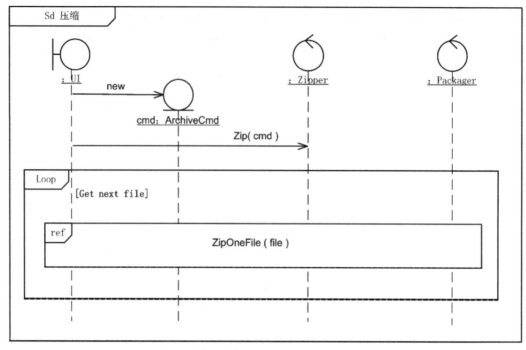

图 14-13　用例"压缩"的序列图："先大局、后细节"建模第 1 步

这样做的好处是可以"分层次"地步步推进建模，更有利于设计思维的有效展开。如图 14-14 所示，可以专门针对 ZipOneFile( )的处理过程进行设计……在此不再详述。

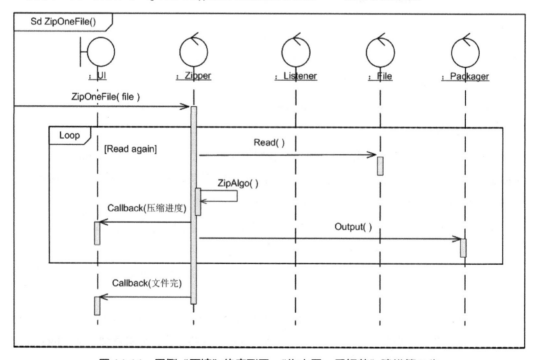

图 14-14　用例"压缩"的序列图："先大局、后细节"建模第 2 步

【解惑 1】鲁棒图是协作图还是类图？

鲁棒图是类图，不是协作图。

使用建模工具画图时，在"类图"图元或"静态结构"图元中，能找到画鲁棒图所需的"边界类"、"控制类"、"实体类"等。

因为鲁棒图是类图，所以鲁棒图中的"连线"并不是严谨的对象间协作关系定义。这也是为什么"鲁棒图 + 序列图"实践方式并不重复的原因。

【解惑 2】对于大系统，用例非常多，是否要研究每个用例实现？

一方面，设计一个用例的实现，得到一组相关的类，还不足以发现整个系统的架构切分规律。

但另一方面，对于大系统，用例非常多，研究每个用例实现之后再划分模块，1）不切实际；2）有先详细设计后架构设计之嫌；3）最大的问题是，设计如何实现每个用例没有受到架构的指导和制约，可扩展高性能等整体质量属性又如何保证呢？

因此，用例驱动的设计，主要输入是一组用例，不是一个用例、也不是全部用例。对于复杂系统而言，请参考第 8 章，如何从众多用例中确定少数对架构设计关键的用例。

14.2.3 第 2 步：这些类应该划归哪些模块

识别出"一堆"类之后，再"回过头来"梳理出清晰的模块结构。

这一步，是用例驱动设计有别于所有"自顶向下"设计方法的最大不同之处，是用例驱动设计思想的精髓！也就是说，用例驱动包含了"自底向上"的设计思想。

……上述类似 WinZip 的软件，识别了部分类之后，我们发现可以划分为原文件读写层、压缩包读写层、压缩控制层、界面交互层等模块。如图 14-15 所示。

上述这种"从好多类，到少数模块"的设计思维过程，显然是一种"归纳"思维，自底向上思考。对比

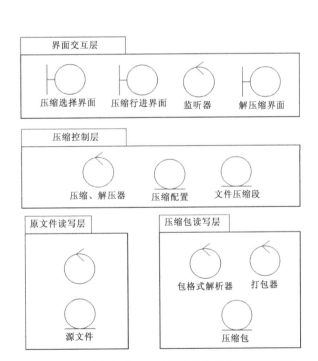

图 14-15 "从好多类，到少数模块"的设计思维过程

而言，第 12 章讲的"功能模块划分"、第 13 章讲的"架构分层"，都是"自顶向下"思维。（这几种思维一点儿也不矛盾，可以兼收并蓄结合使用，下一章讲。）

14.3 实际应用（12）——对比 MailProxy 案例的 4 种模块划分设计

14.3.1 设计

世上之事的决策，有着两种迥然不同的方法：借助经验和推理分析。

根据功能树切分功能模块和分解上下文图进行分层，大刀阔斧，偏重经验。属前者。

用例驱动的设计方法，密密而织，偏重分析。属后者。

但通过用例驱动设计出的模块划分结构，可能和其他方法的设计结果相同。例如，可能是如图 14-16 所示的分层架构。

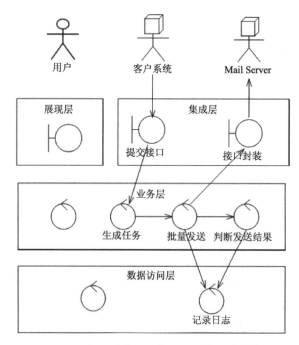

图 14-16 用例驱动的模块划分可能的一种设计结果

14.3.2 设计的优点、缺点

优点

→ 由简入繁，从研究一个个功能的实现作为切入点，易上手。我们总有遇到不太有经验的系统、或是特别复杂的系统的时候，此时用例驱动的方法特别有帮助。

→　为后续详细设计也提供了不少铺垫，因此受到不少"程序组长"的欢迎。（实际上，用例驱动的设计方法本身就是软件详细设计方法的核心思维之一，后续笔者的《软件详细设计》一书将详细阐述。）

缺点

→　用例多，从用例到类，再到模块，设计工作量大。（对于有一定设计经验的系统，还是建议先经验驱动、后用例驱动。）

→　如果用例驱动方法运用得太死板，可能会掉入"先详细设计，后架构设计"的陷阱。

看来，用例驱动的设计过程，无论是优点，还是缺点都非常突出。

第 15 章

模块划分的 4 步骤方法

——运用层、模块、功能模块、用例驱动

系统设计中一个最重要的和最具有挑战性的任务就是……将系统所要执行的功能分到各个组件上。

——Daniel D. Gajski，《嵌入式系统的描述与设计》

好的架构必须使每个关注点相互分离……

——Ivar Jacobson，《AOSD 中文版》

要成为架构师，是先学方法，还是先实践？

本书建议，尽早接触并尝试着设计（请参考第 3 章中关于"开发人员应该多尝试设计"的相关内容），并在进行过照猫画虎式的实践之后，系统地培训设计方法……

本章就介绍一种步骤化的模块划分方法。

15.1　像专家一样思考

15.1.1　自顶向下 vs.自底向上，垂直切分 vs.水平切分

能不能用一幅图把第 12~14 章的内容进行概括，对比清楚？

没问题。请一起分析图 15-1，作为架构师"看家本领"的模块划分技能，有如下几种思路：

- 自顶向下。

  ➢ 水平切分思路——分层。

  ➢ 垂直切分思路——功能模块。

- 自底向上。

  ➢ 先识别类、后归纳出模块的思路——用例驱动。

- 拍脑袋。

  ➢ 纯粹靠经验和灵感——想到哪"切"到哪。

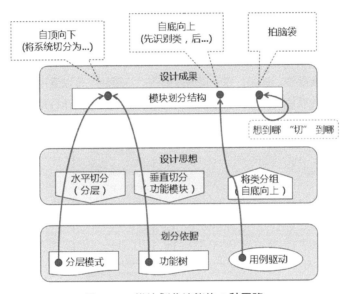

图 15-1　模块划分技能的 4 种思路

15.1.2　横切竖割，并不矛盾

模块划分时，有人习惯划分功能模块，有人则喜欢分层（Layer）。如图 15-2 所示，这两种设计思想分别为关注垂直维度切分和关注水平维度切分，并不矛盾。

图 15-2　垂直切分（功能模块） vs. 水平切分（层）

设计思维融合的关键是，把层（Layer）、功能模块、细粒度模块这三个概念看清想透，这必然促进模块划分实践技巧的提升，如图 15-3 所示：

- 功能模块是粗粒度的，一般对应于一个功能组，最大的用途是基于功能模块进行开发小组分工。

- 层（Layer）也是粗粒度的，UI 交互层封装人机交互、系统交互层封装硬件访问和外部系统交互、数据管理层封装 DB 和 File 和 Flash 存储，也是一种有价值且流行的关注度分离手段。

- 但是，模块划分设计需要进一步设计到细粒度模块一级。

  - 一个细粒度模块，必然位于架构的某一层（Layer）中。

  - 一个细粒度模块，一般也都会属于某个更大粒度的功能模块内。

  - 如果架构设计"止于功能模块划分"或者"止于粗粒度分层"，则意味着设计不足、还要继续。例如，每一层内部哪些"小模块"可以重用、哪些不能重用？再例如，功能模块内部不同"小模块"之间的调用关系设计得是否合理，对未来增加功能或修改功能实现影响很大。

图 15-3　层 vs.功能模块 vs.细粒度模块

举例说明。例如，如图 15-4 所示，一个采用了水平分层（Layer）架构的某软件系统，它同时也体现着报表功能模块、拓扑功能模块等"垂直切分"思想。

对于此例，如果你熟悉网管软件，你可以想象这是个网络设备拓扑图功能模块；如果你熟悉 UML 建模，你可以想象这是一个 UML 建模工具……拓扑功能模块的业务逻辑复杂，诸如图元的排列、连接、移动、覆盖、复制、删除等问题涉及不同的规则，可以充分利用对象模型的优势来解决这些问题——即采用 Martin Fowler 归纳的领域模型架构模式。

至于此例中的报表功能模块，其业务逻辑相对比较简单，通过 SQL 语句从数据库中提取数据非常方便，并且可以利用 SQL 语句进行一些统计和查找计算，因此宜于采用 Martin Fowler 归纳的事务脚本模式（转而采用领域模型模式无疑是自找麻烦）。

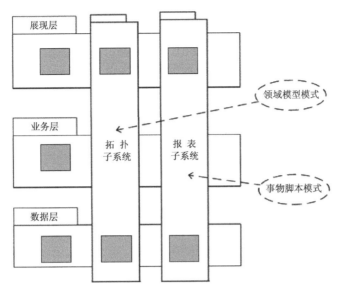

图 15-4　垂直切分与水平切分的综合应用

15.2　模块划分的 4 步骤方法——EDD 方法

15.2.1　封装驱动设计的 4 个步骤

封装驱动设计方法（Encapsulation-Driven Design 方法，EDD 方法）的目的是：细粒度模块划分。综合运用分层、分层细化、功能模块、通用模块、通用机制框架化等多种手段，是该方法的特点。

封装驱动设计方法包含 4 个步骤，如图 15-5 所示。

- 研究需求。

  ➢ 要点：具体而言，对模块划分促进最大的需求成果是上下文图和功能树。

  ➢ 要点：不是泛泛而知，而是设计者带着质疑的心态去研究、评价、确认。一旦发现问题，第一时间提出。

- 粗粒度分层。

  ➢ 要点：请参考第 13 章。

- 细粒度划分模块。

  ➢ 要点：下一节展开。

- 用例驱动的模块划分结构评审、优化。

  ➢ 要点：系统难点部分的设计，可多使用用例驱动方法，请参考第 14 章。

  ➢ 要点：场景和用例，也是"驱动"设计评审的核心思维。

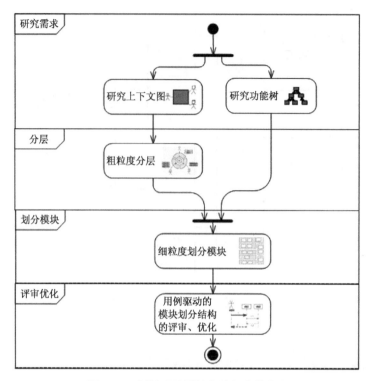

图 15-5　封装驱动设计方法包含的步骤

15.2.2　细粒度模块的划分技巧

如图 15-6 所示，这样的模块划分结构是我们想要的：

- 设计充分，最终是由一组细粒度"模块"组成的。
- 层次结构清晰，但不限于 3 层或 4 层，而是进行了分层细化。
- "功能模块"的概念也清晰可见——每个"功能模块"有一组位于不同"层"的细粒度模块组成。
- 通用模块被单独划分出来。

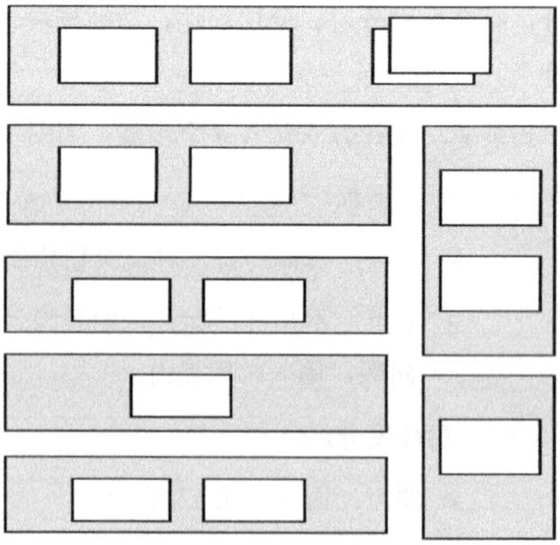

【技能项】分层细化

图 15-6　这样的模块划分结构，正是我们想要的

在粗粒度层内进一步"封装"职责形成更细致的层次结构，国外有的专家称之为 Sub-layer。例如：

- 服务调度层和服务层的分离。

242

- 业务层内，服务层和对象层的分离（如图 15-7 所示）。

- 再例如，UI 层内，View 层和 Controller 层的分离。

- ……

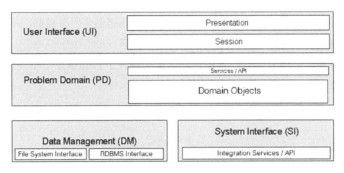

图 15-7　分层细化，Layer 内细分 Sub-layer

（图片来源：http://www.step-10.com/ ）

【技能项】分区

将"层"内支持不同功能组的职责分别"封装"到"细粒度模块"中，从而使每个"粗粒度功能模块"由一组位于不同"层"的"细粒度模块"组成。此前的第 12 章，已经讲解了"从功能组到功能模块"的具体技巧。

对于任何有挑战性的软件系统，如果架构设计止于粗粒度分层（或者止于功能模块划分），那么"深度优先"开发模式就很难实施；而同时考虑"分层+分区"则可以识别细粒度"模块"，基于细粒度模块的协作链正是进行"深度优先"式开发的基础（如图 15-8 所示）。有经验的实践者都知道，架构是迭代开发的基础，因为只有在架构的支持下才能"深度优先"地开发一个功能、再开发一个功能……构成每个迭代周期。

图 15-8　止于粗粒度分层无法采用"深度优先"开发模式

【技能项】通用模块的分离

众所周知，通用模块的分离，有利于提高重用性、减少重复代码。从结构化方法开始，我们在软件研发时就一直重视模块化和通用模块的分离，从未停止。如图 15-9 所示。

- 高层模块应有较高的扇出，低层模块特别是底层模块应有较高的扇入。
- 扇入越大，表示该模块被更多的上级模块共享。
- 运用参数化、抽象等设计手段，提炼通用模块，供其他多个模块调用，这就避免了程序的重复。

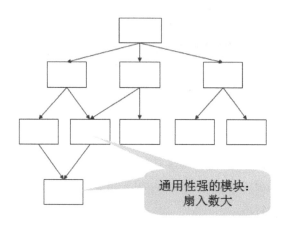

图 15-9 底层模块，高扇入

不同的通用程度意味着变化的可能性不同，将通用性不同的部分分离不仅有利于"通用部分"的重用，还有利于对"专用部分"进行修改。打个比方，一座高楼大厦要想稳固，必须考虑不同部分的热胀冷缩系数的差异，即使将不同"膨胀比"的部分硬连接在一起也容易引起"开裂"，这个比喻很好地说明了"稳固的架构"的含义。

由此看来：事实上，可重用性和可修改性，很大程度上是"同一件事的两面"而已。

【技能项】通用机制的框架化

软件系统中的机制，是指预先定义好的、能够完成预期目标的、基于抽象角色的协作方式。机制不仅包含了协作关系，同时也包含了协作流程。

对比而言，"协作"是"多个对象为完成某种目标而进行的交互"，而"机制"是特殊的"协作"，只有那些基于抽象角色的协作才算得上机制：

基于接口（和抽象类）的协作是机制，基于具体类的协作则算不上机制。

没有提取机制的情况下，机制是一种隐式的重复代码——虽然语句直接比较并不相同，但是很多语句只是引用的变量不同，更重要的是大段的语句块结构完全相同。如果提取了机制，它在编程层面体现为"基于抽象角色（OO 中就是接口）编程的那部分程序"。

划分模块时，应将通用机制框架化。

框架是可以通过某种回调机制进行扩展的软件系统或子系统的半成品。（至于技术实现上，可以采用 C 语言等，也可以采用 Java、C++等面向对象语言。）框架是半成品，这是它的本质所在。需要指出，"软件重用"的一对内在矛盾："重用几率"大小和"重用所带来的价值量"大小。简言之，软件单元的粒度越大，则重用所带来的价值量越大，但重用几率越小；反之，粒度小的软件单元被重用的几率大，但重用所带来的价值量小。框架的智慧就在于此：为了追求重用所带来的价值量最大化，将容易变化的部分封装成扩展点，并辅以回调机制将它们纳入框架的控制范围之内，从而在兼顾定制开销的同时使被重用的设计成果最多。

通用机制框架化，对于架构牢固性而言，是不可或缺的。框架之于整个软件系统，就好比一座大厦的供暖、供电、排水等设施，着重解决整座大厦的不少通用问题。软件框架的具体例子有数据库管理机制、事件通知机制、事务服务机制、权限确认机制等，它们为系统的其他部分提供行为支持。

【总结】

确定分层架构之后，还需要进行细粒度的模块划分，手段有多种，但思想都是"封装"：

- 经典的 3 层架构、4 层架构，投标可能够用，但指导后续详细设计和并行开发绝对不够，还需要通过引入 Sub-layer 进行【分层的细化】。
- 根据功能树划分粗粒度的"功能模块"（纵切）和现有分层架构（横切）并不矛盾，为了引入这一维度的切分，还需要【分区】。
- 为了将软件系统的通用部分和专用部分相分离，便于重用或提炼程序库（Library）或框架（Framework），还需要【通用模块的分离】和【通用机制的框架化】。

15.3　实际应用（13）——对比 MailProxy 案例的 4 种模块划分设计

15.3.1　设计

运用 EDD 方法，通过研究上下文图来粗粒度地设计分层架构，之后运用各种手段推进细粒度模块划分。例如，把功能模块的垂直切分思想运用进来，识别层内的细粒度模块。如图 15-10 所示。

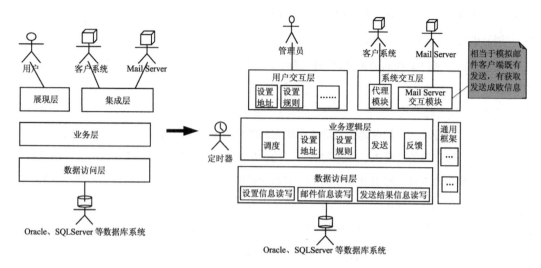

图 15-10　基于分层架构，进一步划分细粒度模块

15.3.2　设计的优点、缺点

优点

→　更严谨、更专业，可操作性强。

→　综合了多种手段，促进了细粒度模块划分，利于关注点分离和模块复用。

→　加入了评审优化环节。

缺点

→　因为是综合方法，所以掌握起来还是稍有门槛的。

有没有经验，决定你能不能成为架构师。

有没有方法，决定一个架构师能走多远。

广而言之，方法之于个人，乃至软件业，都是至关重要的。对架构新手，方法是陌生之地的指路明灯，避免架构设计者不知所措（这很常见）；对架构老手，方法是使经验得以充分发挥的思维框架，指导架构设计者摆脱"害怕下一个项目"的心理和"思维毫无章法"的状态；对软件业而言，方法是整个产业"上升一个层次"的"内功"，没有"内功"为基础，单靠"外力"促进软件产业升级是不现实的。

具体而言，当今业界的模块划分设计还显得不够专业，"想到哪，切到哪"的设计方式还屡见不鲜，特别是"止于粗粒度功能模块切分"的设计者还大有人在。笔者真诚希望，本书这样一本"小册子"能引起读者们的"大思考"——设计岗位的各项技能，如何更专业？

读者赞誉

书之道，解惑也。

这本书做到了这点，我在软件开发领域做了快十年，之间也做过些"类软件架构设计"的工作，总的来说，感觉自己尚在云雾中，很多概念不清，很多疑惑尚在。

拿到这本书，看完目录，就不可救药地"爱"上了她，她是多么的优雅、有气质、令人着迷——不好意思，我是俗人，喜欢用美女来类比:)。

深入读下去，有种豁然开朗，踏破铁鞋无觅处，得来全不费功夫的感觉。从概念到具体做法再到实例分析，整个就是为读者铺好了一条认识、理解、解决问题的康庄大道。看来一贯而通，无比顺畅。

感谢作者温昱的辛勤劳作，为广大尚在迷雾中摸索的软件开发众生奉上这样一道盛宴！

——dd_macle

挺实用的一本书，比较易懂，推荐购买。

——sun_hello

看多此书的第一版，现在继续学习第二版。

——当当书店的

作者前两本关于架构设计的读书我也买来读了，也参加过作者主席的培训，这本书读后感觉比以前的著作在架构设计的理论分析与实践指导方式都有显著的提高，建议想提高自己分析与设计能力的软件开发与分析人员仔细阅读，定会有不少的收获的。

——dglxp

架构设计非常好的参考书，理论实践相结合，非常有深度。

——jasonxiesh

哈，不好意思，我必须先说我喜欢这本书的写法。相对于国内很多的计算机技术书籍，这本书给我非常好的感觉。

当然，关于架构设计，俺也学到了很多，

所以，推荐此书！

——daan

一本书，是不可能涵盖所有的概念和内容抑或具体怎么去操作啦，不过有这样的一本书，能够引领入门级的人，往正确的道理上面走，当然，这就是一个很了不起的进步，很有价值的一步啦，很不错的一本书，that's all！

很庆幸在我工作几年后，对软件开发各个方面都有一定程度的认识的时候，遇到这么一本针对架构设计的好书，此前作者的文章看过很多了，看他的书还是第一次，不出所料，还是那么有条例，还是那么严谨，作者用循序渐进地、通俗易懂地语言深入浅出地讲解了架构设计这个主题，感觉最强烈的是作者很清晰地把各种容易混淆的概念讲解的很清楚，对架构设计的全过程给出了清晰的阐述。

多了不说了，我认为这是一本高级读物，更适合工作 3~5 年，有一定项目经验，在设计和架构方面都有所尝试的高级程序员或系统分析设计人员阅读，总得来说内容还是有些抽象的，所以需要读者之前有一定深度的技术背景和在分析设计方面的一些思考的积累。

Just in!

——李锋

说得很中肯，作者确实是在一线工作过的，有自己的见解。能获得这些经验对我工作很有帮助。

——无昵称用户

经验丰富的码农可能会觉得这本书很烂，经验少的则会觉得它很棒。因为它面面俱到，但都是一笔带过。

经验比较少的程序员可以买来看看，以提升你的广度。

经验足的可以借来看看，有粗有细地阅读，对你们来说，本书的精华在最前 5 章——以非常系统和全面的方式介绍清楚了架构的概念，尤其是多视图这方面，觉得可以让你受益。

——coach

程序员转型 必修！

——GeeKZFZ

这是本讲软件架构的实用性书，同时，这也是本架构非常好的书，但由于涉及内容实在太广，所以内容和架构相比显得过于单薄。

本书由三大部分组成，第一部分是软件架构的概念，属于理论性部分；第二部分是软件架构本身；第三部分是架构师的各人技能。这个分类一下子把软件架构的众多技术分解为架构技术和个人技能两部分，非常赞。

架构概念非常简单，通过众牛人对软件架构的诠释，作者总结了架构的两个功用：软件组成和决策，两者都对，并不冲突，这是作者非常聪明的地方，一下子就缓解了大家的矛盾，并且把所有的观点都汇集到统一的框架之下。

软件架构本身，又分为方法和过程两部分。方法既架构的五个视图：物理架构、逻辑架构、数据架构、开发架构和运行视图。过程则分为六个步骤：需求分析、领域建模、确定关键需求、概念性架构设计、细化架构和验证架构。其中概念性架构的作用是规划关键问题的解决策略；细化架构就是生成那五个视图。就像开头说的，这部分内容实在太广，作者只是谈了一些他的经验，实际内容严重不足。

个人技能无非就是从编码、设计、UML 工具、软件过程四个不同层次来谈，而在设计方面又举了几个解耦合的例子，包括理解依赖关系、角色理论和设计模式等。

总的来说，这本书的结构非常好，内容可以按照这个架构通过其他书籍慢慢补充。

——胡晓文

正处于程序员向架构师转型的阶段，有点迷茫，这本书让我有了方向。

——无昵称用户

本书为程序员成长为架构师提供了简洁的指导，文笔流畅，逻辑清晰！

——Jenningszh

书是好书，对于架构师的工作描述得比较到位。

——开琼恩泽